ベビーカー・イノベーション

飯田 美恵子
IIDA MIEKO

幻冬舎 MC

ベビーカー・イノベーション

はじめに

1995年、フリーランスで従事していたアパレルの仕事が終了し、今後自分に何ができるのか分からなくなっていた私は、気持ちの整理をするためにハワイにいました。

滞在していたホテルのラナイから海を眺めていたときのこと、一人の女性が視界をすっと横切り、ヤシの木の陰へと消えていきました。

ランニングウェアを身にまとったその女性は、ブロンドの髪をふわりとなびかせて、ジョギングをしながら人力車のような大きなタイヤのついたものを押して颯爽と走り去っていったのです。

日本で忙しくしていたときだったら、気にも留めなかったはずの光景です。しかしハワイでゆったりとした時を過ごしていたせいか、女性が押していたものが何だったのか私は気になって仕方がありませんでした。

好奇心を刺激され、私はすぐにホテルを出て女性が通り過ぎていったメインストリートのほうへ走っていきました。

すると、偶然にも女性は同じ道を走って戻ってきたところで、女性が押しているもののの正体がようやくはっきりと見て取れました。それは直径が50cmほどと思われる、大きくてしっかりとしたタイヤが三輪付いたベビーカーで、そこには赤ちゃんが乗っていたのです。

子どもが乗っているベビーカーを押しながらワイキキのビーチ沿いをジョギングするなど、私にはまったく想像もできないことでした。ですが、その驚きとショック以上に、女性のいきいきと輝く笑顔が脳裏に焼きつきました。

ベビーカーが単に赤ちゃんを運ぶための移動器具ではなく、親が子育てをしながら赤ちゃんと一緒にジョギングを楽しむためのアイテムになっていたのです。あれはいったいなんという名前で、どこで売っているものなのだろう――私はそのベビーカーにすっかり心を奪われてしまいました。


これが私と三輪ベビーカーとの出会いであり、今思えば人生が変わった瞬間でした。

当時日本には三輪のベビーカーが存在せず、タイヤが小さく軽量でコンパクトなものが主流だったため、私はその三輪ベビーカー「ベビージョガー」が子育てをする親たちにとって選択肢の一つとして日本でも好まれると確信できました。

さっそくサンプルを注文し日本での販売を開始したところ、スタイリッシュなベビージョガーは、ファッション感度の高い人たちの間ですぐに支持を得ることができました。しかし販売開始から3年経った頃、小型化を求める声が多く寄せられるようになります。

私はこうした日本の声を幾度となくアメリカの製造元に申し入れましたが、なかなか受け入れてはもらえず、4年後の1999年秋に意を決し契約の打ち切りを申し出ました。担当者から打ち切りの理由を聞かれたので、日本仕様の三輪ベビーカーを開発したいと素直に伝えたところ、その担当者は私に激励の言葉を掛けてくれました。もし日本の会社だったら、うちの商品に類似したものを作るのかと非難されただろうと思います。しかしこのときは、確かに日本ではもっと小型のベビーカーが好まれるからぜひチャレンジするといいと言われたのです。私は自由の国アメリカと日本の差を強く感じました。

そのあとのベビーカーの開発段階では何度も壁にぶつかり、本当にやり切れるのだろうかと心が折れそうになったこともありました。資金面と安全性の問題から目指していたモデルには届かず、実績のあるモデルにロゴを入れたＯＥＭでのスタートでしたが、なんとか最初のエアバギーが誕生します。スタイリッシュなデザインと、これまでの国産ベビーカーにはなかった中空式のタイヤが、唯一無二の存在として徐々に人気が出てきました。今では10年間で50万台売れるほどの人気商品です。

本書はエアバギーがベビーカー業界に旋風を巻き起こし、ベビーカー・イノベーションをもたらすまでの挑戦と挫折、そして再生の物語です。

アパレル業界出身の私が、経験ゼロからいかにして新たな市場に挑み、三輪ベビーカーを広めていったのか、その裏にはどういった思いがあり、どのようにして壁を乗り越えてきたのかを記しています。

どんなときも諦めずに挑戦を続ける勇気と情熱と愛が未来を切り拓く。

本書に込めたそんなメッセージが一人でも多くの人の心に届くよう願っています。

ベビーカー・イノベーション
目　次

part
2
海外製品を日本に適応させる
日本の住環境に合わせた三輪ベビーカー開発に着手する

part
3
他の業界の技術を応用する
ペットのためのバギー開発に乗り出す

part

4

今後の需要を予測し、ブランディングする人生に寄り添う「ライフバギー」を目指す

part 5

誰かの歩行に寄り添って——ＡＩＲＢＵＧＧＹで日本の社会を変える

part 1

〝日本にはまだないもの〟を交渉で勝ち取る
熱い情熱で「三輪バギー独占販売権」の獲得に挑む

母の洋裁が導いてくれたアパレル業界

私の経営者としての原点は何か、と考えてみるとルーツは幼少期や中学時代にあるように思います。

私の記憶の原点には、ベビーカーに乗せられて母と散歩をする風景があります。いつも立ち寄るパン屋で、細長い甘いパンを買ってもらい、それを片手にベビーカーに揺られていました。暖かな春の日差しや、盛夏に生い茂る木々の緑、秋の風に含まれた枯れ葉の匂い、頬を刺激する真冬の風の冷たさなど、ベビーカーに乗って感じた四季が、幼い私の五感を育み、記憶のなかに刻まれています。そうした何気ないベビーカーでの日常が私は大好きだったので、写真とともに色褪せずに記憶に残っているのだと思います。

母は洋裁が得意で、母の手作りの服を着て出掛けると、いつも周りの人々からかわいいいね、と褒められました。この体験こそ、のちに私がファッションやアパレルに興味をもつきっかけであったと思います。

父は、石油関係の会社に勤めるサラリーマンで、定年退職したあとに自ら会社を興していきます。私は、3人きょうだいの真ん中で、アクティブで好奇心の強い私に父は少し手を焼いていました。あまり会話をした記憶もなく、私には関心がないのだろうと子どもながらにそう思っていました。そんな父にいつか認めてもらいたいというコンプレックスが私のなかにはずっとあったのだと思います。

私は幼少期からブロック玩具で家を作ることが好きで、パーツを増やしてもらっては超大作に挑んでいました。ある日、母に食器棚を空けてほしいとお願いし、すべての食器を出してガラスの扉も外してもらい、食器棚まるごとをマンションに見立て、その棚ごとに住まいを作ったり、着せかえ人形とそのお友達が住むマンションを再現したりしていました。凝り性で、やると決めたら没頭してイメージどおり完成させる性格は、親からしたら言いだしたら聞かない強情さだったと思います。

人気者にさえなれば、なんでも売れる

小学校時代には、父の仕事の関係でよく転校をした経験が私を鍛えてくれました。最初の転校は小学1年生の2学期だったので、すでにクラスの雰囲気は出来上がっていました。道具箱の色が違うなどの些細な理由からいじめに遭い、ランドセルを後ろ

に引っ張られて尻餅をつかせられるなど一向におさまることはなく、私は学校に行くのが嫌になり不登校になりました。小学3年生になって再び転校の機会が訪れたとき、私は新たな学校では、いじめられない作戦を事前に練っていました。

そして転校初日に自分から話し掛け、面白いことを言ってみんなを笑わせたりして積極的に人の輪を広げていきました。結果的に人気者になり、いじめられている人を助ける側にもなりました。

このとき私は、自分から進んで自己開示し、クラスのみんなの意見をまとめるのが得意になりました。次第に周りが認めてくれる術を体得していったのです。

また、小学校の頃から楽しんでいたのがおしゃれです。毎日、服を選ぶのに時間を掛け、時間が掛かり過ぎて遅刻をしてしまったこともありました。

遅刻してさすがに母に怒られたので、次は模造紙に1週間の洋服のコーディネートを書いて表にして壁に貼っていました。そうすることで前日の夜にそれを見て服を出しておくことができ、コーディネートに悩まなくなりました。

小学4年生になると私の洋服好きはいよいよエスカレートし、自分でデパートに行き服を一式決めては、母にお願いするようになりました。たいていは子ども服売り場ではなく、大人の服の売り場でしたので母は困っていたようです。小学校6年生の1

学期にまた転校するのですが、このときは夏休みがありましたので、家の近くのプールに毎日一人で行き、お昼に一度家に戻ってまた午後もプールに行くといった感じで、そこで同級生を見つけて仲良くなり、夏休みの間にたくさんの友達をつくって2学期の始業式を迎えました。10名くらいの転校生がいて、名前とクラスが一人ずつ発表される際に私の名前とクラスが発表されると周囲に歓声が湧きました。気がつけば、学年中に友達がいたのです。クラス以外の友達ともバスケットボールクラブで仲良くなり、6年生にして最高に楽しい小学校生活を送りました。いじめの経験は私の性格を明るく社交的に変えたのです。こうした体験は経営者の道を歩くうえでの土台となっているように思います。

私は、子どもの頃からモノを構成するパーツに興味がありました。プラモデル作りも好きで車を何台も完成させたのも結局はプラモデルを構成するパーツに興味があり、パーツを組み合わせて何かを完成させるというブロック玩具からの影響なのか、そこに興味が集中していました。もしかしたらベビーカーもパーツ好きの延長線上なのかもしれないと思います。

またファッションはさらに過熱し、原宿の竹下通りで安く買ってきた服にスパンコールやビーズを付けたりボタンを替えたりして、オリジナルの服にリメイクしていました。

中学時代で最もよく覚えているのが、文化祭のときのことです。

クラスで出し物を決めているなかで、私は自分の店を出したいとみんなに頼み込み、教室の隅を借り受けることに成功しました。文化祭当日までの3週間、フエルト生地でペンケースや物差しケースなどを20個ほど作り、机の上に並べて販売すると、初日であっという間に完売してしまいました。

自分の作品が売れることの喜びを知り、気を良くした私は姉や母に頼み込んで手伝ってもらい、徹夜で新たな手芸品を作り上げ、翌日、学校に行って手芸品を並べていると、すでに教室の外には口コミで行列ができていました。前日よりも10分早く店を開けたところ、たった5分でまたも完売したのです。さすがにその日の夜は徹夜もできず、数個作ってギブアップし、倒れるように寝てしまいました。

そして朝を迎え、私はあわてて家を見て回り、売るものがないか探しました。

部屋の押し入れをごそごそあさると、12巻セットのアンデルセンの絵本が出てきました。私はそれを紙袋に入れて両手に持ち、ひとまず教室に運び込み、わずかな数の手芸品と一緒に並べてみました。その日はさらに教室の外に人が並んでいるのが見えました。しかし最終日は寝不足のため品薄です。スカスカのテーブルを埋めるために仕方なく持ってきた絵本でしたが、店を開けると争奪戦のような状況で、絵本にまで手が伸び、完売しました。私はそのとき、人気店になると、なんでも売れるのかと思いました。

当時は子どもですから、ブランディングやマーケティングなど知りません。しかし私は、こうした経験のなかでブランディングやマーケティングの基礎となるような原則を偶然、身をもって知ったのだと今振り返って思います。口コミで人が集まれば、関係ないものまで売れる、つまりファンの力です。商品のファン、経営者のファン、社員のファン、スタッフのファン、最後に会社のファン、これらのすべてがものすごい力をもっているということです。

19歳でショップ店長になる

高校生になる頃には私のなかで進むべき進路が見えてきました。将来、洋服のデザイナーになるのが、その頃の夢でした。

私は創作への燃え盛るような熱い意欲をもって、アルバイトで稼いだお金のすべてを洋服の購入に注ぎ込み、おしゃれを楽しんでいました。

高校を卒業し服飾の専門学校に通いながら、大型ショッピングモールに入るアパレルショップのスタッフとしてアルバイトを始めました。

私が採用されたアパレルショップはわずか5坪ほどの小さな店舗で、サーファーに人気のサーフブランドの服を扱う店でした。私も日焼けして真っ黒ですが、お客様も海帰りのサーファーが多く、「今日の波はどうでしたか？」と声の掛け方は独特ですが、私もサーフィンをやっていたので、波乗り共通の話題で盛り上がり、コミュニケーションが取りやすく楽しい環境のお店でした。楽しい会話が弾むと、お客様は私がトルソーにコーディネートした服を全部セットで購入してくれるので、客単価が抜群に良く、そんな小さな店でも月に1000万円以上の売上となって周りの店の店長が様子を見にくるようなすごい店になっていました。わずか19歳で私は店長になり、数店舗の仕入れも任されるようになりました。学校ではデザイナーを目指してはいたのですが、一方で洋服の販売の魅力にも引き込まれ二足の草鞋で頑張っていました。

3年間勤めたのですが、服の販売から服を作るメーカーに就職したいという思いが強くなり、22歳で人気のアパレルメーカーに転職しました。このメーカーで、原料から服ができるまでの一連の流れや、流通の仕組み、直営店舗の運営などを学べたのは、とても新鮮なことでした。

当時は、いわゆるカジュアルブランドの全盛期で、パーソンズやスクープといったブランドや私が勤めていたハッカというブランドはとても人気でした。仕事にはやりがいがありましたが、唯一ネックだったのが服を買うお金が足りないことでした。当時の私の月給は手取り15万円もなく、原宿のワンルームマンションに住んでいましたので、好きな洋服を買うどころか生活するので精一杯でした。それでも自社ブランドの服が好きでしたから購入したいと思っていても、お金はありません。入社して数カ月経った頃に社長のもとを訪ね、どうすればあと2万円お給料が上がるのかを尋ねたことがあります。

社長は笑いながら、店が終わってから全国の店の売上の集計をやれと言いました。そこで私は毎日仕事終わりに、本社に向かい売上の集計をして仕事が終わるのは真夜中という日々を過ごしました。あの頃のアパレルの会社は夜中の2時でも明かりがついていましたし、その数カ月後にはまた社長のもとへ、もう2万円のベースアップを図々しくもお願いしに行ったこともありました。

私が経営者になってから、うちの社員でそんなお願いに来た人は一人もいないですが、当時の社長もさぞかし参っただろうと思います。社長は私に全国のお店の視察やスタッフの面接に同行しなさいと言ってくれることもありました。それから社長と地方へ出張するのですが、移動の新幹線の中で社長が若かった頃の話や、会社を作ったときの話を聞くのが楽しくて、純粋にいつか私も社長のようになりたいという気持ちが自然に芽生えていきました。

しがらみにとらわれず自由に働きたい

しかし組織というのは時折、人の噂話をする人がいるものです。社長は当時36歳でカッコよく社内で人気がありました。社長の出張に同行する私に、冷たくする社員がいて悲しかった記憶があります。誰の目も気にせずに仕事をしたい、という思いが強くなっていたある日、原宿で店をやってみないかと、私を引き抜きに現れた人がいました。私の心は大いに揺れました。

メーカーでの仕事は面白く、学ぶべきことも多かったのですが、私は自分で何かをやりたいという独立願望が芽生えていたので、自分の店という言葉に自由と可能性を感じ、オファーを受けてから1週間後に、やらせてください、と答えを返していました。

これまでお世話になった社長にヘッドハンティングの話や自らの思いを包み隠さず話すと、社長はしばらく険しい表情をしてから、そうやってうちから独立していった社員が何人かいたけれど、誰もがうまくいってないよ、と諭してくれました。そして少なくとも独立のタイミングは今じゃない、もっといろいろと勉強してからでも遅くない、どうしても店をやりたいなら、自分のお金でやりなさい、そう続けたあと、まあそう言ってもお前はもう決めているんだろう?と言いました。

私は、尊敬する社長の言葉を真摯に受け止めましたが、気持ちは社長が私を見抜いたとおりで、24歳と若かったせいもあって勢いだけで周りが見えていませんでした。

独立しアパレルショップを経営するも失敗

オーナーが用意してくれたのは、東京・原宿の商業ビル「ラフォーレ原宿」の裏手にある中二階の小さなテナントでした。当時、店の前は道の先が行き止まりで、人通りは限られていました。今なら、その場所で出店するべきではないと判断できますが、結局思うように売上を伸ばせず、1年半後に体調を崩し3週間ほど入院することになった際に、閉店することをオーナーから告げられました。

このとき私は深く反省しました。期待して店を任せてくれたオーナーにも申し訳ない気持ちでいっぱいで、身の程を知ったのでした。

バブル期に手に入れた幸せ

原宿の店を閉めた頃の日本経済は、バブルがどんどん膨らんでいる最中で、とにかく景気が良かったので、ラッキーにも私はすぐに次の仕事へとシフトすることができました。

いくつかの依頼から私が選んだのが、商品開発やマーチャンダイジングの仕事でした。店作りや売り場作りの領域であれば、自らの能力で勝負できるだろうと考えたのです。

当時、ＰＯＳシステムの普及とともに数字に基づいて販売戦略を練るマーチャンダイジングの概念も広まりつつあり、それを現場で展開するマーチャンダイザーへのニーズは非常に高かったのです。

最も大きな契約先だったのが東証一部上場企業であったＭ社でした。本拠地は大阪で、年間１２０日を大阪のホテルで過ごしました。主にインテリアフロアを担当し、それまで取り扱っていた古い商材をやめ、新しい商材を導入し業態全体をブラッシュアップするための要員でした。マーチャンダイザーとメーカーの間に立ち、どんなに売上や実績があっても今後は取り扱いをやめますと伝える役割です。まだ25歳の若さでバサバサとメーカーを切っていくような立場でしたから、年齢よりも大人っぽく見られるように服装や言葉遣いにも気を使っていました。

当時、数社の契約で月収は100万円ほどで、年齢を考えればかなりの高収入でしたが、バブル期にはさほど珍しい話ではありませんでした。空前の好景気に日本中が熱狂し、まさにお祭騒ぎとなっていた時期だったのです。

そしてこの頃は仕事に加え、プライベートも充実していました。アパレルのお店で働いていたときのサーフブランドの営業担当の男性と、26歳で結婚しました。5歳年上の現役のサーファーで、デートの多くの時間は海で過ごしました。大会で優勝するほどの実力者で、海に行けば波乗り仲間が彼の周囲へと集まってくるような、笑顔の素敵な人でした。

日の出を見に行こうと元旦から海に入る人で、サーフィンに熱中するかたわら、アパレル会社を経営し、原宿の竹下通りで売られているタレントショップのTシャツを手掛けていました。人気タレントをキャラクター化してプリントしたTシャツは飛ぶように売れていました。夫の会社は各タレントショップのTシャツを一手に担っていて、ゴールデンウィークに1日1億円も売り上げるほどの盛況で、私はマーチャンダイザーの仕事の一方で、夫の事業の経理も手伝っていました。

ある日、大きなワンボックスカーいっぱいに段ボールを詰め込んでTシャツを納品しに行くというので私も手伝いに行くと、店で段ボールを開けた途端に周囲から手が伸びてきて、棚に陳列する間もなく商品がなくなっていったことがありました。レジは紙幣がすでにぱんぱんで開閉できない状態です。売上を管理しながらあと数年、この状態が続けばビルが建つのではないかと本気で思っていたくらいでした。

私たちの生活は私が大阪の仕事をメインにしていたこともあってすれ違いの多い日々でしたが、不思議とその頃のことを断片的にしか思い出せません。それがバブル時代というものだったのかなと今は思います。それぞれに車を持ち、アイロンみたいに大きな初期の携帯電話を持ち、お金に困ることはなかったのですが、生活そのものが充実していたというよりも時に流されていたような気がします。この先もずっとこんな生活が続き、幸せに人生を歩んでいくものと信じていたのですが、バブルというものが、いとも簡単に私たちを崩してしまうとは想像もしていませんでした。

離婚と同時に背負った借金

1991年のバブル経済の崩壊が引き金となり、竹下通りを埋め尽くしていたタレントショップがどんどん姿を消し、あっという間にゼロになりました。流行のスタートからこの撤退までわずか4年でした。

流行に乗って儲けて終わり、という形にできればまた違っていたのでしょうが、夫の会社は不運にも取引先からの支払手形が不渡りとなったことで、資金繰りが一気に悪化しました。

すべての貯金を下ろしても足らず、私は持っていた婚約指輪や貴金属を質に入れ、さらに複数のカードで消費者金融から200万円を借りて、夫に渡しましたが、それでも生地の在庫を大量に抱えたまま、夫の会社は廃業に追い込まれました。

私の収入が保てていればまだよかったのですが、バブル崩壊の波は小売業界も飲み込み、進行していたプロジェクトが立ち消えになったり、契約先が1社、また1社と終了したり、このときほどフリーランスの弱さを感じたことはありません。

それでも、夫と互いに支え合って生きていければ幸せだったかと思います。

サーフィンを自らの天職とする夫は、千葉県の海のそばで静かに暮らすことを望みました。しかし私はまだ29歳で、まだまだ自分の可能性を試したかったので、少しでもエネルギーのある都会で過ごしていきたいと思いました。何度話し合っても二人の溝は埋まらず、次第に心がすれ違っていってしまい、都心で暮らす私と千葉の海のそばで暮らす夫とは、3年ほど別居したあとに、離婚しました。

離婚と同時に降り掛かってきたのが新たな借金でした。当時は夫が事業資金を銀行から借り入れをする場合には妻が連帯保証人になるのが一般的で、主人の会社で借り入れた資金の返済を求められました。用立てたお金も含め、私の負債額は700万円近くあり、毎月30万円を返済に充てねばならなくなりました。一人暮らしに戻った私は借金まみれでした。

一つだけ幸いだったのは契約していた会社が代々木のマンションの家賃と光熱費を負担してくれたことでした。給料のほとんどを返済に充てつつも、なんとか生きていけましたが、生活にはまったく余裕がありませんでした。

ある日カレーを作るため、遠くの八百屋まで足を運び、玉ねぎとにんじんを1個ずつ買ったこともありました。友人が遊びに来たときにふるまったのは、自作のどら焼きと小豆を煮て作るおはぎでした。お金がないなりに創意工夫しましたが、都会でつつましく暮らすことで孤独感と寂しさが募りとてもつらい時期でした。

私の願いはたった一つ、早く完済してこの生活から抜け出したいということでした。とはいえ仕事が増えることもなく、私はただ返済のためだけに毎日を生きていました。この経験から私が学んだのはお金のことです。今でこそ物質的なものに対する欲求はそれほど強くはありません。しかし当時は物欲の塊で、お金さえあればなんでも買えるし幸せになれると信じていました。

そもそもお金を大切にせず、なめていた気がします。お金があっても人は幸せにはならないし、お金で買えないものがあることも学びました。つつましく毎日を大切に誠実に生きていくことのほうが大切だということです。クリスマスを派手に過ごし、若さゆえに遊びまくり、楽しいこともたくさんあったのですが、本質を見極めることもせず、景気が良いだけなのに自分の実力をも過信していただけの日々だったと思います。今思えば、何も残っていない空洞の時間で、モノも人も残っていない、間違いだらけの時間をただ過ごしていたとさえ思います。

ハワイの自転車店で見つけた未来の輝き

私は、失った自信を取り戻し、パワーチャージしたい気持ちでハワイ旅行に出ていました。

何をするでもなくワイキキビーチの目の前にあるホテルのラナイから海を見ていると、私の視界を、ブロンドの髪の女性がジョギングをしながらタイヤの大きな乗り物を押して去っていきました。

今の何？

その正体こそがのちに知るベビージョガーでした。青い空と海を背にそのスタイリッシュさは格別で、気がつけば、私はそのタイヤの大きな乗り物を追い掛けていました。もちろんその出会いが、のちにオリジナルのエアバギーへ続く道になるとは、そのときは知るよしもありません。

女性は、息を切らせながら興奮気味に話し掛けた私に対し、嫌な顔ひとつせず、これはベビージョガーといい、購入したのはアラモアナの店だと教えてくれました。

私は礼を言って、近くのホテルからタクシーに乗り、女性から聞いた住所へと向かいました。

15分ほどで現地に着いたものの、ベビー用品を扱っているような雰囲気の店は見当たりません。そこはいわゆるマウンテンバイクのおしゃれな自転車店でした。

店の中に入ってみると日に焼けたさわやかな店員さんが「アロハ」と笑顔で迎えてくれました。あたりを見回すと、店の中央のステージにベビージョガーがスポットライトを浴びて光り輝いていました。それを見ていると店員さんが近づいてきたので、とっさに私は片言の英語で話し掛けました。私はこのベビーカーを日本で使っているけれど、ねじが取れてしまって修理を依頼したいので、メーカーの電話番号を教えてもらえませんかと伝えると、店員はすんなりとOKして、店の奥に消えていきました。しばらくすると名刺のコピーを手に戻ってきて、この人に連絡してみたらいいよと笑顔で渡してくれたのです。

もしここで店員に、どこのねじが取れたの、どんなふうに壊れたのなどと突っ込まれていたなら、私はきっとしどろもどろになり、気まずい思いで店をあとにしていたと思います。とにもかくにも、ベビージョガーとの出会いから30分ほどで、私はメーカーへとたどり着くことができました。まさにとんとん拍子で、まるで何かに導かれているようでした。

ホテルに戻り、改めて名刺を眺めると、書かれていた住所はアメリカ本土のワシントン州で、担当者の肩書はインターナショナルセールスとなっていました。ワシントン州のヤキマってどんなところだろう？　大きい会社なのかな？　などと考えながら、とにかく何も分からないけれど、この会社と仕事ができたらうれしいなとワクワクしていました。今思い返しても、子どものいない私がなぜそれほどベビーカーに惹かれたのか分かりませんが、私だったらこのベビーカーを選ぶという強い確信だけがありました。

翌日には英語が堪能なハワイ在住の友人の手を借りて、ホテルからメーカーに電話を掛け、日本でのディストリビューター（総代理店）はいますかと問い合わせました。すると、日本から数社問い合わせが入っているけれど、まだ決まっていないのでチャンスはあるという答えが返ってきました。

私はその場でサンプルを数台注文しました。その後ハワイに3日ほど滞在し、日本に帰国するとすでにベビージョガーが航空便で自宅に届いていました。アラモアナの自転車店で目にしたあのベビージョガーが自分の目の前にある現実に興奮し、胸がときめきました。

そこで初めてベビーカーの細部を見ましたが、ベビーカーにはネジが1本も使われておらず、すべてリベットが打たれていました。もし店員にネジは使われていないよと言われていたら、私のとっさの嘘がばれていたと思いますが、そこはアロハな南の島の緩い感じが幸いしたのではないかと思います。

雑誌の巻頭カラーに出稿し勝負をかける

私はディストリビューターとして選出されるため、日本でベビージョガーの販売を始めることにしました。

当時のベビージョガーは、バリエーションとしてタイヤのサイズが12インチ、16インチ、20インチの3種類がありました。20インチは子ども用の自転車くらいのタイヤサイズで、ジョギングを楽しむランナーには好まれていました。ナイキのランニングシューズとタイヤの大きなベビーカーでセントラルパークを走るのが、当時ニューヨークでトレンドとなっていました。

しかし私には、20インチは日本での普段の生活で使うには明らかに大きく思えました。道も住宅も狭い日本では、やはり小さなほうが良いだろうと考え、まずは12インンチを主力商品に据えました。

ベビージョガーの戦略に私は通信販売を重視しました。

１９９６年当時、ＳＮＳはもちろん、インターネットも普及しておらず、広告といえばテレビやラジオ、新聞、雑誌ぐらいでした。テレビなどお金が掛かる媒体への出稿はできません。雑誌を中心にいろいろと見て、私が目を付けたのはリクルート社が１９９４年に創刊した『赤ちゃんのためにすぐ使う本』でした。最新のベビー用品を取り扱うカタログ通販誌で、まずはここに掲載しようと考え、編集部に電話を入れると、編集長が対応してくれました。

編集長はベビージョガーをすでに知っており、ぜひ巻頭ページで特集しましょうと勧めてくれました。巻頭ページは売上がいちばん見込めるページで広告料が最も高額でした。ハワイ旅行で散財したばかりの私にそんなお金はありません。でも私は、なんとしても巻頭ページにこだわりたいと思いました。編集長も売上の良いページなので掲載料をペイできると背中を押してくれましたので、まずは利益よりも認知してもらうことが大切であると判断しました。

日本初の三輪バギーを多くの人に知ってもらい使ってみたいと思ってもらえること、新しい風を吹かせるには、とにかく知ってもらうことです。読み飛ばされてしまうような小さな記事ではなく、見た目のスタイリッシュさをしっかり伝えるためにも、巻頭の見開きページで大きく掲載してほしいとお願いしました。

カタログの発売と同時にベビージョガーは、180台の注文を得ることができました。当時の定価は3万9000円から4万8000円で、売上によって巻頭ページの広告料をなんとか回収することができたので、心からほっとしました。その後も順調に売上を伸ばし、私は大いに手応えを感じました。

そんななかで面白い出来事がありました。ある日、アメリカから届いたベビージョガーの箱を開けると、その隅に大きなジャガイモが1つ入っていたのです。

これは注意しなくてはと思い、ベビージョガー社に電話をすると、担当者は笑いながら、うちの工場の隣がジャガイモ畑でね、工場に時々転がってくるから、それが入っちゃったのかな、ははは、と言うのです。

日本ならおよそあり得ないこの状況に、怒るつもりが思わずこちらも笑ってしまうという雰囲気がベビージョガー社の良いところでもあり、自由な会社だからそういうこともある、で済ませてしまいました。しかしもしこれが日本の会社なら、ベビー用品の箱にジャガイモが入っているとはどういうことだと注意されて、場合によっては菓子折りを持ってお詫びに行かなくてはならないくらいの出来事です。こういう文化の違いも、ユニークな商品が生まれる秘訣なのではないかと思います。

ベビージョガー誕生秘話

1984年に創業者であるフィル・バチェラーとその妻が、ランニングが趣味でよく二人で走りに出掛けていました。しかし、息子が生まれたのをきっかけに、妻と走る機会がすっかりなくなりました。フィルは一人でランニングを続けていたのですが、妻は時々彼に不平を漏らし、フィルもまた自分だけ走るのを心苦しく思っていました。

子どもを連れてランニングできるならば最高なのに、と考えたフィルはベビーカーに息子を乗せて走ってみました。けれど一般的なベビーカーは路面を長距離にわたって走れるような構造になってはおらず、すぐに断念してしまいます。彼は自宅のガレージでDIYを始め、苦心の末に自ら新たなランニング用のバギーを作り上げました。

安定性と走行性を追求したフォルムは前の長い二等辺三角形であり、40インチもの大きなタイヤを三つ付けた三輪型でした。

さっそく三輪バギーでランニングをしてみると、ある程度の悪路でも、砂浜でも、順調に進むことができました。市民マラソンに参加してみたところ、バギーで良い感じに加速がついたおかげか、なんと優勝してしまったのです。

自作のバギーを押して優勝した風変わりな選手を、地元の新聞が大きく取り上げました。紙面を見た企業がいくつもスポンサーに名乗りを上げ、商品化が実現しました。これがベビージョガー社の始まりです。

人生で最高のクリスマスプレゼント

ベビージョガーは日本でその後も売上を伸ばし、1年間で700台近くを販売しました。順調な滑り出しに私はひとまずほっとしましたが、まだディストリビューターに選ばれたわけでもなかったため、気は抜けません。

12月に入ってすぐ、ベビージョガー社の副社長から私に思い掛けない内容のメールが届きました。


僕は年内で、ベビージョガー社を退くことになりました。今後は別の会社を立ち上げ、三輪ベビーカーを作ろうと思っています。あなたと仕事をした1年間は、とてもエキサイティングで楽しかったです。素敵なクリスマスが訪れることを祈っています。

副社長はとても優しい人でした。私は最大の味方を失った気がして、とても寂しく思いました。しかしそれ以上に驚いたのは、副社長がベビージョガー社を辞めて、同じ三輪ベビーカーのメーカーをつくるという話です。それは、同じアメリカでベビージョガー社と競合他社になるということです。そんなことがアメリカでは許されるのかと、またもや文化の違いに驚きました。

そして、1996年12月25日、私の手元に国際宅配便が舞い込みました。その中に入っていた書類には、「EXCLUSIVE DISTRIBUTOR AGREEMENT」と書かれていたのです。手の震えが止まりませんでした。副社長のメールにあった最後の一文の真意を初めて理解でき、なんて粋な計らいをしてくれたのだろうと胸が熱くなりました。

ベビージョガー社は日本の総代理店として企業ではなく、一個人である私と契約をしてくれたのです。後日、なぜ私が選ばれたのかと聞いたことがあります。担当者の答えは、私がベビージョガーを最も愛し、販売してくれたからだというものでした。今まで会社の規模で、口座開設を断られたり、取引を断念することがあったりしたのに、いちばん頑張った人を選出してくれるのですから、フェアな対応をしてくれていると感じました。

いくらアメリカが日本の会社の規模を知らないとしても、個人と契約するのは勇気のいることだと思います。当時私とディストリビューターの座を争っていたのは、大手スポーツメーカーを筆頭に誰もが知るような企業ばかりが5社あったと知りました。日本なら、そんな相手を差し置いて個人と契約を結ぶなど、およそ考えられないことです。

大きな企業にとってベビージョガーのディストリビューターになるというのはあくまで数あるプロジェクトの一つに過ぎないと思います。一つの承認を得るにも複数の会議や調整が必要になり、関わる人が多いため時間が掛かりがちです。私は一人ですから、そうした時間はまったく掛からず、即断即決でレスポンスを返したのが功を奏したのだと思います。販売実績も最も早く行動を起こして売っていけたからこそ、どこよりも先に売上を伸ばすことができたのです。

中小企業が大企業に勝ることができるのはフットワークです。強みを最大限に活かすのが、中小企業の生きる道であると思います。

会社の大小にかかわらず実績で評価するという合理性はいかにもアメリカ的で、その評価の姿勢こそが現在の繁栄を築いた理由の一つだと思います。

アメリカではすべて平等で、たとえ無名であってもいちばん努力し成果を上げたものを正当に評価し、勲章をくれます。

私はベビージョガーの総代理店の経営者となり、人生の新たな一歩を踏み出すことができたのでした。

part

2

海外製品を日本に適応させる
日本の住環境に合わせた三輪ベビーカー開発に着手する

カスタマーズボイスで見えた、日本と海外との違い

総代理店になって1年ほど経ち、ベビージョガーは着実に販売台数を伸ばし、少しずつ市場を開拓するなかで集まってきたのがユーザーの声です。

私はベビーカー1台1台にユーザー登録のはがきを同梱し、最後に製品についての意見を書く欄を設けていました。当時のユーザーには熱心に意見を書き込んで送ってくれる人が多くいました。なかには改善案の設計図まで添えてくれる人もいて、そうした確固としたファンに支えてもらっていると感謝したものです。

意見は多岐にわたり、なかでも多かったのがベビーカーの前輪を回転させてほしいという要望でした。やはり日本では小回りが利く仕様が求められていると私は痛感しました。ほかにも、ブレーキやタイヤ、リクライニング、小物を入れるポケットについてなどさまざまな角度から、使ったからこそ分かるリアルな声が集まってきました。私はすべてをベビージョガー社に伝えるべきだと思いました。

そして実際に、ユーザーの声から見えてきた製品の改善点を「JAPANESE CUSTOMERS VOICE」として定期的にまとめ、アメリカ本社に送り続け

ていました。

メーカーにとって、顧客の声ほど貴重な情報はありません。私はてっきり、すぐに質問や改善案が返ってくるかと思っていました。

しかしどれだけメールを送っても本社からの反応はありませんでした。

当時のベビージョガー社は急成長を続けており、世界中で爆発的な人気を集めていました。世界市場と比べたら、小さな日本の市場のためにいちいち改良などしていられないというのが、彼らの本音だったかと私は思います。またベビーカーについては欧米と日本のニーズに大きな差があり、軽くて小さい小型のベビーカーは、欧米では、ドールストローラー（お人形用ベビーカー）と皮肉られていました。それもあってか、日本のお客様の声は欧米ではむしろ不要で、日本でしか通用しないドールストローラーを作る気はなかったわけです。こう書くとベビージョガー社が悪者に映ってしまうかもしれませんが、ビジネスとしてはある意味で当然の判断だったといえます。

けれども私が、2年以上にわたってベビージョガー社に「JAPANESE CUSTOMERS VOICE」を送り続けたのは世界市場にも通用するような改善点が必ずあると信じていたからです。

日本人の品質を見極める目は、今も昔も間違いなく世界一だと私は確信しています。

しかし海外の人々からすれば、日本人は細か過ぎると思われています。

私としては、ベビージョガー社はいつか必ず日本からの貴重な声に耳を傾けてくれるだろうと思っていたのですが、忙しかったこともあるのか、それについては一度も返事はありませんでした。

当時、三輪ベビーカーは世界でベビージョガーだけでした。まさにアメリカンドリームだったのだと思います。確かにベビージョガーは日本でも順調に売れ、事業として何か問題があったわけではありません。しかし先を見据えるなら、このまま何も変えなければ見た目のかっこよさだけの一時的な流行で終わってしまうと私は危惧していました。

ベビージョガーと出会い、総代理店となって5年の間に、私は三輪構造のベビーカーのすばらしさを深く理解しました。スタイリッシュなだけではなく、高い直進性や悪路をものともしない走行性など、当時の日本の四輪ベビーカーにはまったくない機能性をいくつも備え、特に機能は他の追随を許さぬもので、私は、日本に初めて三輪ベビーカーを紹介した者としての責任を感じるようになっていました。すばらしい製品をただの流行で終わらせてはならない、必ず世に普及させねばならないという使命感が生まれました。

もはやベビージョガーだけに頼りきりではいけない、日本の住環境やライフスタイルにフィットする新たな三輪ベビーカーを、自力で生み出す必要があると、私は次第に考えるようになっていました。

ベビージョガー社からまったく予想しなかった通知が届いたのは、そんな折でした。

アメリカ製から中国製に

ベビージョガーは生産工場を中国に移す、担当者から送られてきたメールのその一文を読んだとき、正直嫌な予感しかしませんでした。新たな中国工場で生産される製品のラインナップに、日本でいちばん売れていた機種が入っていたからです。

人件費の安さから生産拠点を中国に移す企業が世界中で増えた流れに乗り、ベビージョガー社も生産拠点を移したのだと思います。その背景には、世界で爆発的に売れたことでアメリカの工場だけでは生産が追いつかなくなったという事情があったのでしょう。さらにコストダウンが図れることもありますが、結果としてこの判断は完全に裏目に出ることになります。

実際に中国の工場が稼働し始めてすぐ、ベビージョガーの納期が2カ月以上も遅れました。日本では70人以上の顧客に製品を届けられない状態が続き、私は一人ひとりにお詫びの電話を掛け続けました。いったいどうなっているの、うちの子を何に乗せればいいの、出産に合わせてプレゼントする予定だったのに、これじゃあ意味がない、などと顧客からの不安や怒りの声はことのほか大きく、私はただただ平身低頭するしかありませんでした。海外製品の代理店という立場で、自分たちでコントロールすることができない状況に、ストレスを感じている企業や担当者は多くいることと思います。

その後ようやく中国から待望の製品が届いたものの、さらなるトラブルが待っていました。中国から出荷した製品は不良品だったため販売を見合わせてほしいと本社から連絡が入ったのです。私は込み上げる怒りを必死に抑えました。

これまでアメリカで生産していたベビージョガーは品質が高く、不良品がほとんど出ませんでした。フレームの構造もシンプルでしたし不良個所が出にくいのも製品の特長でしたが、折り畳み方法を中国製造から二つ折りで複雑にしたことも理由だと思います。折り畳みの構造が複雑になるほど、ジョイント部分が増えますので不具合が発生しやすくなるのです。不良品は製造業の宿命であり、しっかりと品質管理をしても一般的に数%は発生しますが、ベビージョガーはアメリカ製のときには1000台に1台ほどしかなかったと記憶しています。中国製の不良品の一報に私は大きなショックを受けると同時に、今までの信用が一気に消えてなくなり不安しかありませんでした。中国に生産拠点を移してから、まるで別会社になってしまったようでした。私は、自らが製造に関わることのできない製品を販売する、代理店ビジネスの大きなリスクを改めて実感し、もともとメーカー志向だったこともあり、今後のことを真剣に考え始めました。

数年にわたり日本の顧客の声を届け続けたのに一向に取りあってもらえなかった末に、中国製になったことによる不良品トラブルという衝撃、そして状況の変化は、私に新たな選択を迫りました。

新世紀の始まりとともに新たな道へ

私が総代理店の契約を更新しないとベビージョガー社に伝えたのは、1999年の秋でした。もっと日本に合う小型の三輪ベビーカーを作りたい、と正直に胸の内を話したのは、おそらく副社長のことが頭の片隅にあったからだと思います。私に対し、ベビージョガー社の担当者は、小型のベビーカーが主流の日本市場に最適なベビーカーを作ろうという発想はすばらしいことだと賛同してくれました。ただ契約書で定められており、1年間は三輪ベビーカーに携わることはできません。そこで担当者は、その1年の間に次の代理店をサポートしてほしいと私に求めてきました。

私にとっては新たなベビーカーの開発には時間が掛かりますし、その間の生活費も必要ですので次の代理店をサポートする形で引き続きベビージョガーを販売していくことはこちらの希望でもありました。

ベビージョガーと出会い、私の人生は大きく変わりました。もし日本での総代理店に選んでもらえなかったら間違いなくエアバギーは誕生していません。なにより、私はベビージョガーが大好きなので、愛情をもって仕事ができたことが幸せでした。ベビージョガー社に深い感謝を抱きながら、私は新たな道へと歩を進めました。しかし、その2年後にベビージョガー社は売却という道を選択したのでした。

新聞の見出しには、三輪ベビーカー王者の失脚——皮肉られたニュースの記事を見たとき、私は悲しみで胸が締めつけられる思いでした。アメリカでは会社の売却はよくある話ですが、世界中で大ブームが起こり、メイドインUSAでは生産が追いつかなくなり、中国に生産の拠点を移すことは、仕方のないことだったと思います。しかし、1998年頃の中国と今の中国ではレベルがまったく違います。アメリカ工場のときは不良品がまったく出なかったベビージョガー社にとって、技術的に劣っていた時期の中国に、技術を提供することは大変な苦労であったと今なら理解できます。売れ過ぎたがゆえの決断が会社の姿を変えてしまうという恐ろしさを目の当たりにし、他人事とは思えないショッキングなニュースだと感じました。

ベビージョガーのDNAを継いで

それでも私の師匠は、ベビージョガーです。私にできるのはベビージョガー社のDNAをしっかりと心と技術に受け継いで進むことだけでした。

1995年当初のベビー業界に比べたら、2000年には海外のベビー用品がだいぶ増えて楽しくなってきていました。しかし三輪ベビーカーはカッコイイというポジションから抜け出せておらず、私は歩きやすさや押しやすさ、つまり使いやすさをどう伝えていくべきかを考えていました。当時のベビーカーの市場規模は300億円から400億円といったところで、大手2社の製品が全体の8割のシェアを占めていました。女性経営者のベビーカーメーカーは国内には存在せず、世界でも聞いたことはなく、完全に男性社会で、私は孤独を感じていました。

グローバルに通用する名前であること

生まれ来るわが子に名前を付けるように、私はオリジナルベビーカーに対してまず名前を付けようと思いました。できる限り早く名前を決めて商標登録をしておきたかったのです。

空気の入ったタイヤを使う、ベビージョガーの大きな特徴を採用するということだけは決めていたので、名前もＡＩＲの単語をどこかに入れたいと考えました。当時はまだインターネットがそれほど普及していませんでしたが、いずれネットの時代になったとき、検索しやすいようにするという狙いもありました。

誰もが覚えやすいようなシンプルな名が良いとも考えていました。エアージョガーは直接的過ぎるし、ベビーカーのイメージが薄れてしまう。エアのあとにくる単語は……エアベビー、エアストローラー、なんだかしっくりこない、などと独り言をつぶやき紙に名を書き連ねている私の様子は、ほかの人が見ればさぞ奇異に映っただろうと思います。あとは、バギーはどうかしら、エアバギー、うん、良い響きだ、エアバギー、と私が口に出してみるほどに、エアバギーの名がしっくりと私のなかに溶け込み、なじんでいきました。

こうして「ＡＩＲＢＵＧＧＹ」は、まず名前がこの世に生を受けたのです。この時点でも、エアバギーの具体的な構想はほとんどありませんでした。しかし、やると決めた以上、とにかく行動を起こすのが私の信条です。商標登録は社会に対し私のプロジェクトをやり抜いてみせるという決意表明でした。弁理士さんにお願いするでもなく、自分で特許庁へ商標登録願を提出しました。こういうプロセスは、苦労ではなく楽しいものです。

命名と併せてブランドロゴも作成しました。ロゴのなかに、ベビージョガーのＤＮＡを継ぐ思いがこもっています。Ｂｕｇｇｙの「ｇｇ」の部分を、ベビージョガー（ＢａｂｙＪｏｇｇｅｒ）の「ｇｇ」と同じフォントにして、これまでの感謝とリスペクトを表しました。

目指すは自転車製造の中心地、台湾

ブランド名が決まったあとは、これまでベビージョガーで集めてきた顧客の声を見返しながら、エアバギーのデザイン構想を練りました。

ベビージョガーはもともと、その名のとおりランニング中の使用を目的として作っていました。一方、私が新たに作りたかったのは、日常生活で普通に使えるベビーカーでした。

例えばコンビニエンスストアにも入ることができて小回りよく動かせたり、電車の自動改札をスムーズに通り抜けられたりと、日本の生活環境にフィットさせるには小型化は絶対条件でした。

工場を探しに台湾へ行くと決めたのは、当時自転車の生産は、台湾が主な工場だと調べていて分かったからでした。そのあと、知人が台湾にいたので、彼女に大使館に連絡してもらったり、ベビーカー工場を調べてもらったりしました。ベビーカーのイメージとシートのファブリックのイメージをスケッチブックにまとめ、私はパートナーとなる生産工場を探しに、台湾へと向かいました。

スケッチブック一つとベビージョガーを抱え、私が台湾を訪れたのは8月でした。盛夏の東京よりも湿度があり気温も30度を超えていたので、とにかく暑く、台湾を訪れたのは初めてで土地勘もありません。台湾の知り合いの女性に通訳を紹介してもらったうえで、南部にある高雄市で合流して3人で最初の工場に向かいました。事前に工場にはアポイントを取ってありましたので、最寄りの駅まで車が迎えに来てくれ、工場へ向かいました。初めての台湾に私は車窓から興味深く異国の景色を眺めていました。

最初に訪れた工場に到着すると、「歓迎　飯田美恵子」と大きく書かれた看板の周りが紅白の薄紙のお花で飾られており、昭和の運動会みたいで思わず笑いそうになったのですが、歓迎をしてくれているのがなによりうれしかったのを覚えています。

ここならエアバギーを作れるかもしれない

その工場は、アメリカの大手玩具量販店に置くようなベビーカーを大量製造していましたが、私が作りたい自転車的なベビーカーとは違うため、ここで製造するのは難しいだろうとすぐに分かりました。ここで作るとしたら、子どもが押すお人形用のベビーカーかな?と足早に撤収することになりました。

翌日、電車で中部の台中市へと移動すると、当時の台中は駅前ですら道路が舗装されておらず、ホテルも古めかしいホテルが1つだけしかありませんでした。前日と同じく車で迎えが来て私たちは工場へ向かいました。

50分くらい走ると工場地帯が見えてきて、ジャイアントやシマノなど大手自転車メーカーの工場があり、私の期待は高まりました。

目的地に到着すると、薄暗い中でぱちぱちとオレンジ色の火の粉が見え、溶接作業をしているのはすぐに分かりました。下町の鉄工所のような雰囲気があり、前日に訪れた工場とはまったく異なることが逆にうれしく期待が膨らみました。

ベビーカーを作る際には、パーツをできるだけ減らし、接合部を少なくするのが重要であることは、ベビージョガーで学んでいました。エアバギーのブリッジ（左右のフレームの横のパイプ）は溶接にしたかったのでこの技術は外せません。溶接ができる工場というだけで商談を先へ進めることができるので私はこの段階でかなり前のめりになっていました。

全員が席に着くと、どんなベビーカーを作りたいのですかとさっそく問われ、私はスケッチブックを広げて通訳を介しながら説明をしました。

そして私が持っていったベビージョガーを見て、実は以前にベビージョガーの製造依頼があり、断ったことがあるのだと教えてくれました。理由は、開発から一緒にできる会社でないと仕事を受けないようにしているからということです。

part 2

海外製品を日本に適応させる
日本の住環境に合わせた三輪ベビーカー開発に着手する

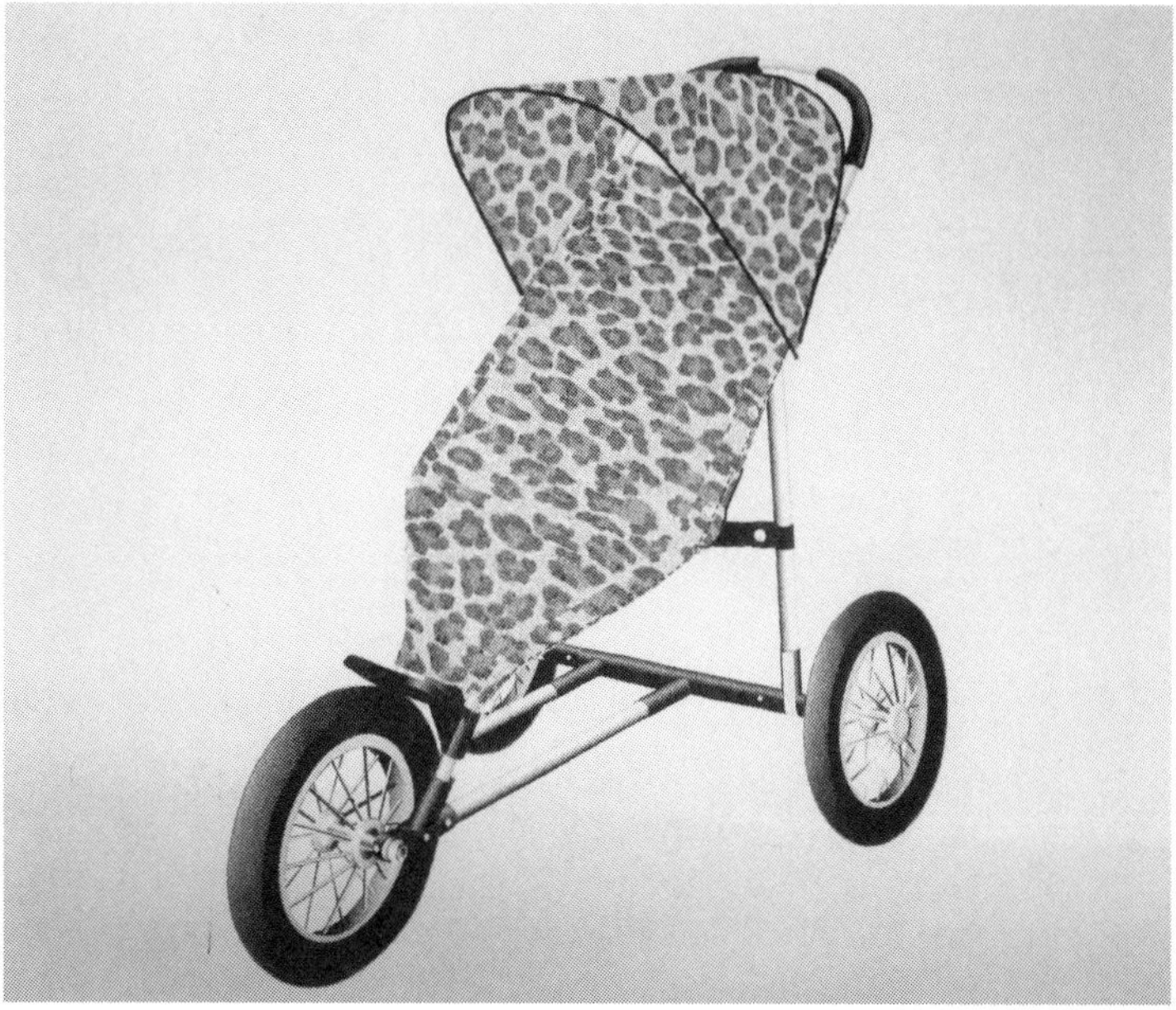

エアバギー最初のスケッチ

見えなかった開発費の落とし穴

工場の社長は私と同じくらいの年齢の女性でした。名前はジョイスさんといい、彼女は真面目で品質に厳しい目をもっていました。私は彼女と話をすればするほどこの工場で作りたいという気持ちがさらに固まっていきました。

ひととおり説明が終わったあと、ジョイスさんはベビーカーを作ることは技術的に可能であると私に告げました。もし私が現地に行かないでメールだけでコンタクトを取っていたらおそらく断られただろうと思います。すると奥から、すでに彼らが作ったオリジナルのベビーカーを数台出してきて、このなかから近いものがあればエアバギーのブランドで作れると紹介してくれました。暑い台湾の夏に日本から一人でやって来て、大汗をかきながら必死に説明する私を見て、本気であることを察してくれたのか、気の毒に思ったのか分かりませんが途中から彼女の態度が優しくなった気がしたのです。きっとうちの工場が断ったらこの人にはあとがないと思えたほど私は必死だったのだと思います。

誕生！　初代エアバギー

交渉がまとまると、さっそくエアバギーに流用できる型や、これまで工場で製作してきたベビーカーについての説明を受けました。

そして私が、このハンドルは良いね、この機能は欲しいな、と要望を伝え工場のエンジニアたちがメモしていきました。

色の希望や布部分のデザインなども入念に打ち合わせをしました。特に布部分は、アパレル時代に培った感覚を存分に発揮し、かなり細かく仕様を決めました。

商談は、こちらに必要以上に配慮し過ぎるようなこともなく、できないことはその理由を説明してくれてスムーズに進みました。

このような交渉を恐れ、言葉が話せないからとなかなか海外とのビジネスに踏み切れない中小企業の経営者は実は多いと思います。

こうした言葉の壁というのは、それを得意とする人が一人隣にいれば越えることができます。むしろビジネスの場では、無理をして拙い外国語を話すと、相手には自信がないように映ります。逆に凛とした態度で日本語を話し、訳してもらったほうが誠実さが伝わります。通訳をしてもらっている間に相手の表情をうかがったり、次の提案を考えたりする余裕もできます。

したがって言葉の壁はビジネスの障壁にはならず、むしろ日本語で堂々と交渉したほうが良いこともあるというのが私の結論です。

交渉で私が言い続けたのが品質であり、不良品を出さないことへのこだわりを強調しました。品質に対する感覚は、不良品が極端に少なかったベビージョガーが自らのスタンダードになっているからこそで、DNAはしっかりと伝えねばと思いました。

この工場も私と同じように実直に品質を追求する姿勢をもっており、嫌な顔ひとつせず聞いてくれました。

数カ月の開発期間を経て、ついに初代エアバギーのサンプルが完成しました。先方にもとからあった型を使って部品を組み合わせた品ですから、オリジナルというよりもほぼOEMで、課題であった小型化が十分に成し遂げられたわけでもなく、まだまだ改善の余地はありました。それでも、目の前に現れた「AIRBUGGY」と刺繍が入ったベビーカーは、凛としていてここから始まるドラマが私は楽しみで仕方ありませんでした。

金融機関の冷ややかな目

試作品の品質と安全を確認してから、私は20フィート（容積約32・1㎥）のコンテナ一つ分に相当する、約250台を発注しました。

この段階ではまだ資金の目途が立っていなかったのですが、製造期間である半年のうちに用意できるだろうという根拠のない自信があり、私としてはとにかくスピードが大事だと思っていました。もし大手企業が独自に三輪ベビーカーを開発し、先に売り出してしまえば、エアバギーは二番煎じになってしまいます。絶対にお客様の声を反映したモデルを作り、この日本に三輪ベビーカーが当たり前の選択肢になるまで、私がやり遂げるという一心でした。

工場との取引や銀行関係、小売店への展開などを考慮しても、さすがに個人事業主というわけにはいかないので、会社を設立する必要がありました。当時は、株式会社を作るなら1000万円、有限会社なら300万円の資本金が必要でした。

いろいろと調べていたら、東京都渋谷区の「女性福祉資金」という制度が見つかりました。2年以上渋谷区に住んでいて、離婚もしくはシングルマザーで、独立・開業を目指す女性に対して、事業計画書が優良と認められれば、最大で300万円の資金を貸し付けてくれるというありがたい制度です。私はさっそく、事業計画書の作成を始めました。3年間の売上、販売先、仕入れ額、経費、利益といったかなり細かな内容まで記載しなければなりませんでした。幸いにも私はすでに事業実績があり、その延長線上で説得力のある書類を作成でき、無事に300万円の融資が決まりその資金で有限会社を設立しました。しかし会社を設立した一方で、エアバギー250台分の資金には相変わらず目途がついていませんでした。

その後、渋谷区の新規事業開始資金でさらに500万円の融資を受けることができました。私は常に融資をしてくれる金融機関を探し、メガバンクをひたすら巡りましたが、メガバンクは過去の実績に対しては一定の評価をしてくれるものの、不確定な構想や未来の話にはなかなか耳を傾けてくれません。設立したばかりの会社など見向きもされないというのが、当時私が受けた印象でした。そんななかで国民金融公庫(現在の日本政策金融公庫)、地方銀行、信用金庫はまだメガバンクよりも話を聞いてくれ、融資を検討してくれたように思います。

あるメガバンクでは、窓口として若い男性の担当者が出てきて、最初からあからさまに態度が良くありませんでした。私が持参した事業計画書をよく見もせず、ビジネスの内容すら分からないのに自己資金のことばかりを聞き、最終的には自己資金を貯めてから出直してこい、と頭ごなしに否定してきたのです。私はこのことを絶対に忘れないでおこうと思いました。

公的資金援助の活用が資金調達のベストな選択

資金調達は困難を極めましたが、唯一、融資を前向きに検討してくれたのが、当時の八千代銀行でした。支店長が対応してくれて、事業計画書にしっかりと目を通し、最終的に500万円の融資が決まりました。

実は、この支店長が先日銀行を定年退職し、その報告も兼ねて会社に足を運んでくれました。私がなぜあのとき、設立間もない私の会社を助けてくれたのですか?と尋ねると、元支店長は、あのときの私の情熱や未来への希望、そして事業に対する信念を強く感じ、当たり前のことをしただけだと、にっこり微笑んでくれました。そして、ここまで会社を大きくしたことを心から喜んでくれて、自分の行員人生にも意味があったと、そう続けてくれたのです。

それを聞いた瞬間、私は目頭が熱くなりました。私の昔を知っている人はもう社員でも数えるほどです。特に会社を設立したばかりの数年は孤独でしたので、設立当時に一緒に仕事をして助けてくれた人たちの恩を私は忘れることができません。

元支店長のこんな幸せなエピソードもあるにせよ、やはり設立当初に最も苦労したのは資金調達であり、本当に綱渡りの毎日でした。しかし、そんな日々があって、今日があるのです。マイナス300万円で会社を作り、500万円調達するのも大変でしたが、今でしたら電話1本で、1億円ずつ複数の銀行から融資を受けられるのですから、信用と実績は経営を強くすると改めて思いました。

アメリカであれば、投資の文化が根づいているので、出資者と経営者の関係は基本的に対等です。しかし日本ではどうしても投資家のほうが強い立場となり、経営者は頭を下げてお願いすることが多いように感じます。

私も唯一、一度だけ親友に200万円出資してもらい、株を所有してもらったことがあります。毎年、配当金を支払い、数年後に会社はさらに成長し株価も上がったので、あるとき、出資金200万円の倍となる400万円で、株を買い取らせてもらえないかと提案しました。

友人もこれ以上になるとお互いに欲が出たりするからと納得してくれ、彼の持株をすべて買い取らせてもらったことがありました。このようにお互いが納得して合意できるパターンは極めて珍しいと思います。できる限り、会社経営の資金は個人から借りることは避けたほうが良いというのが私の結論です。行政などによるベンチャー企業への資金援助制度は、数多く存在しています。よく調べて活用することも考えてください。

すべてを自分一人でやると決めていた

自分の考えているビジネスのアイデアや内容については、開示しないほうが良い場合があります。

私は過去にこんな経験があります。自分のアイデアや企画にどれほどの価値があるのか、あまり考えたことはありませんでした。面白そうだと思えば提案し、企画を出してほしいといわれれば要望に応えてきただけでした。

思い返せば20歳の夏、私は当時まだ市場になかった色のアイシャドウとマニキュアが欲しくて、銀座にある某有名化粧品会社を訪れたことがありました。これはビジネスでもなんでもなく、ただ自分が欲しいものをその会社に作ってほしかっただけでした。

受付を済ませて待っていると担当者が現れ、私は即席で作った名刺を差し出しました。そしてスケッチブックを使いながら30分ほどプレゼンテーションをして、相手がことのほか熱心に聞いてくれたのに気を良くして帰りました。

2年近く経ってから、その会社から私がプレゼンテーションしたような趣旨のブランドが立ち上がり、その商品が店頭に並びました。ただの偶然だったかもしれませんが、それでも私は自らの意見が採用されたと信じ、喜ばしく思いました。

でも、もしも経営者になってからの私なら、違ったアプローチをしていたはずです。アイデアをビジネスモデルに落とし込み、必要なら特許や実用新案を取ったうえで、共同開発を持ち掛けていたと思います。

このように、自分が欲しいからという理由で私は大手企業に企画書を持ち込み、その後しばらくして企画趣旨に沿った製品が発売された経験が何度かあります。なかには検討するという連絡をくれた会社もありましたが、対価はクオカード1枚でした。

当時はお金が欲しかったのではなく、どんな形でもアイデアが世に出ればそれでよかったのですが、起業するとなれば話は変わってきます。

バブル崩壊後に借金を返しながら生活をしているとき、私はアメリカで見つけた面白いエクササイズマシンを、日本に紹介して販売しようと考えたことがありました。

どうすれば輸入販売できるかまったく見当がつかず、大手商社に相談を持ち掛けました。するとその商社から協力しますと言われたまま、私は首を長くして待っていたのですが、いつまで経っても次のリアクションがありません。

きっと採用されなかったのだろうと諦めていた矢先のこと、ある日夜中にテレビを見ていたら、なんとその商品が、その商社によって通信販売で紹介されていたのです。しかもかなりヒットしていました。所詮世の中なんてそんなものなのかと悲しくなりました。

しかし今思えば、そうした数々の経験は私のなかでの予行練習であり、ベビージョガーのときには、だれにも相談せずに進めなければならないと考えることができたのです。

思わぬ形で資金調達に成功

販売開始からしばらく経ってもエアバギーは知名度がないため、製造した250台がすべて売れるまでに1年以上かかりました。月商は100万円ほどで、家賃や人件費と返済に消えていき、私の給料は残りませんでしたが、自分で作ったブランドのべビーカーが店舗に並んでいるので、気持ち的には幸せでした。大量のベビーカーは私にとっては貯金みたいな財源ですから喜びしかありません。さらに売れない不安なんて全然ありませんでした。当時の社員も私が夢を語ると、それは良いですね、ぜひ実現しましょう！とポジティブに言ってくれました。給料もさほど払えていないのに、そんなふうに支えてくれた彼女には、今でも感謝しています。人手もないので商品のすべてを自分たちで検品し、タイヤに空気を入れ、調整や修理、そして出荷までやっていました。

売上が付いてこない時期でも、オリジナルの三輪ベビーカーを着実に広めているのだという充実感がありました。会社というものは成長している間はずっと資金不足です。製造に追われ、売っても売ってもお金は目の前を通過するだけです。そんな時期は3年間続きました。

しかし、あるとき思い掛けない仕事の依頼が届きました。ある大手スーパーマーケットから、店内で使用するショッピングカートを三輪で作れないかと相談があったのです。

実はその話をもってきてくれた担当者はエアバギーのユーザーで、走行性の良さに感動し、自店のショッピングカートに応用できないかと考えたといいます。さっそく私はアイデアを検討し始めたのですが、考えるほどにショッピングカートへの転用がいかに難しいかが見えてきました。

ショッピングカートは材質や重さ、転倒を避けるための構造など、すべてがベビーカーとは異なり、エアバギーの開発ノウハウを活かせる部分は多くはなく、新たな技術開発が求められます。

また、仮に試作品までこぎつけられたとしても、全国に展開するスーパーマーケット数百店舗のショッピングカートを生産する資金や、店舗を定期的に回って不具合のチェックや修理に対応するための拠点や人材が必要です。大手スーパー担当者の依頼は当時の私たちの会社にとっては明らかに身の丈に合っていません。チャレンジしたいけど迷惑は掛けられない、それに今優先順位としてやらなくてはいけないことは、エアバギーのさらなる改善でした。

断るしかないかと思っていましたが、友人の知り合いがメガバンクの担当者に相談してくれ、またその担当者がエアバギーのユーザーだったことで、ぜひ協力したいと、3000万円もの融資をしてくれることになったのです。初めてメガバンクが動き出した瞬間でした。

そして今まで融資を渋り続けてきたほかの銀行も、その対応を見て追い掛けるように融資をしてくれたのです。

前例がモノをいういかにも日本らしい話ですが、うちの会社にとって大いなる追い風となったのは間違いありません。

結局、プロジェクト自体は途中で立ち消えになってしまいましたが、こうして経営の軍資金を得たことが、のちに会社を飛躍的に成長させるきっかけにつながったのでした。

part

3

他の業界の技術を応用する
ペットのためのバギー開発に乗り出す

降り掛かった災難

「好事魔多し」とは、よくいったものです。

ようやく会社に追い風が吹き始め、より大々的にエアバギーを世に広めていこうとさまざまな施策を打ち始めた矢先でした。2003年の初春、私はエアバギーの新たなカタログ撮影を控え、モデルに着てもらう衣装を買うためモデルと一緒にデパート巡りをしていました。いくつものデパートを回り、服をひととおりそろえて、ほっとしながら外に出ると、顔にぽつりぽつりと小さな雨粒が当たります。雨宿りと小休憩のため、私は目に付いたコーヒーチェーン店のほうへとぐっと足を踏み出した瞬間、つるりと滑ってバランスを崩しました。下りの坂道であり、足元には御影石が敷き詰められていて、かなり滑りやすい状況でした。その日に限って、私はひざに穴の開いたダメージジーンズと、スリッパのように底の薄いサンダルをはいていました。両手には、明後日の撮影に使う衣装が入ったいくつかの紙袋を持っていました。それを落とすことはできないという意識が瞬時に働き、私は両手を使うことなくひざから落ちていきました。

運の悪いことに、左ひざが落ちたのは御影石のつなぎ目の、凹凸がある場所でした。着地の瞬間、まるで強力なミントのようなスーッとした感覚が、頭の上部へと抜けていく感じがしました。その後に少し遅れて気の遠くなるような感覚。不思議と痛みはありませんでしたが立ち上がることができません。

私は恐る恐る、左ひざを触ってみました。そこにあるべきパーツ、そしてあるべき感覚が失われていました。

冷静に、冷静に……私は自分にそう言い聞かせながら、ポケットから携帯電話を取り出し、震える手で救急車を呼びました。

救助を待つ間、私がずっと考えていたのは、明後日の撮影のことでした。そのプランはカメラマンとスタイリストとスタジオのスケジュールが合わず3回のリスケでやっと決まったスケジュールで絶対に外せないし、制作時間にもすでに余裕はなく、撮影ができなければカタログを世に出すタイミングがズレてしまいます。

救急車で病院に搬送され、レントゲンを撮ったところ、ひざのお皿が3つに割れていました。重症なので即手術と入院が必要だという医師の言葉に、私は明後日どうしてもキャンセルできない予定があるので、なんとかならないでしょうか？とお願いすると、そんな状態ではとても歩くことはできないと医師も言います。どうしたらいいか私が考え込んでいると、医師はハサミで私の履いていたジーンズをジョキジョキと切り始め、足の付け根から足首までをギプスで固めて、しょうがないからこれで2日間だけ過ごし、そのあとは絶対に入院することを約束してくださいと告げました。こうして私はエアバギーの最初のカタログ撮影に臨むことができたのです。

けがの功名で生まれた新たな使命

撮影が無事に終了したのち、私は病院に入院しました。ひざのお皿をワイヤーで留める手術が必要で、骨がくっつくまで1年間は義肢を装着し、左足を伸ばしたままで暮らさねばならず、入院期間は2カ月に及ぶと聞きました。2回目の手術が終わるまでの間に筋肉が落ちてしまううえ、義肢を外してもひざを曲げることができないので、まずは少しずつ曲がるようにリハビリする必要があること、そして今後おそらく、正座をすることや走ることは不可能かもしれないことを告げられ、大変なけがをしてしまったことを改めて痛感しました。

手術は無事に成功し、経過も順調で、予定どおり退院できたのですが、その後の1年半の生活には困難が待っていました。左足がまっすぐに伸びた状態で常に生活し、歩くときには松葉杖を使用していましたが、とにかく移動が大変で怖くて仕方ありません。下り坂や階段は、最も怖い場所です。満員電車や人が多い場所、自分のペースで歩けない場所はやはり避けていましたし、身を守るため事前に駅にエレベーターがあるか調べたり、目的地に安全にたどり着けるルートをシミュレーションしたりするのが日課となりました。

こうした生活を通じ、私は今までの歩くことが当たり前だった状態から歩行困難な人となり、歩行について深く考えるようになりました。

誰もが自由に歩けるわけではなく、足腰が不自由な人から見れば外に出るだけで不安や恐れが付きまとうのだということを、私は身をもって知りました。

群衆のなかで自分と同じように歩行に悪戦苦闘する人にも、自然に目が行くようになり、世の中には老若男女問わず、こんなにも多くの歩行に問題を抱えている人がいることを知りました。

ある日、ふとエアバギーで歩けないかな?と思い、ハンドブレーキを使いながら、ゆっくりと体重を掛けて室内を歩いてみると、片足しか自由に動かないにもかかわらず、安定して歩くことができたのです。私はそのまま外に出て家の周りを散歩してみました。エアバギーのハンドルブレーキを握れば下り坂でもスピードをコントロールできました。人が多い場所でも、エアバギーのハンドルに両手でつかまり、立ち止まったり、歩き出したりが自由にできて、ゆっくり歩けば姿勢は安定し、転倒への恐怖心がなくなりました。荷物をエアバギーの座面に括りつけて運べるというのも大きなメリットです。これでスーパーに買い物にも行けるとうれしくなりました。

この経験を通じて、私はエアバギーが歩行を助けるという大きな可能性を秘めていることを新たに発見しました。

エアバギーを通じて歩行をサポートしたい――。これこそが私がたどり着いた結論であり、新たな使命だと思いました。今までは、三輪ベビーカーのすばらしさを世に広めたいという一心で事業をしてきましたが、社会に対する使命感が加わったことで、私の思いはよりいっそう強くなりました。

ブルーシートに覆われた理想の物件

代々木の駅から5分の好立地にある事務所兼店舗には愛着がありましたが、世の中にベビーカーを知ってもらうには決して良い場所ではありませんでした。そろそろ人目に付く場所に店舗を移転したいと考え、いつも物件にはアンテナを張っていました。

立地の大切さは理解しており、私が思うエアバギーにとってのベストな場所として、緑のある公園近くの路面店というイメージがはっきりあったので、代々木公園の周辺に狙いを定めていましたが、なかなか物件が出ない場所でもありました。

梅雨が明け、真っ青な空に白い入道雲がもくもくと湧く、夏らしい日のことでした。私は、会社の印鑑証明を取りに、東京法務局の渋谷出張所へと向かっていました。

私を乗せたタクシーが、井の頭通りを代々木公園に沿って走っていたとき、ブルーシートが掛かった建設中のビルが目に飛び込んできました。気になるので帰りに寄ってみようと思い、帰りのタクシーで一度車を降りて、そのビルへと向かいました。ビルの1階はテナントスペースのように見えました。テナント募集の張り紙などは出ていなかったのですが、なかなか賃貸物件の出ない場所ですから、どうにも気になります。

ブルーシートをめくって中を覗いてみれば、奥で作業をしている人々がいました。私は彼らに声を掛け、そのビルを手掛ける不動産会社の連絡先を訪ねたところ、一人の作業員が快く教えてくれました。

私はすぐに不動産会社に電話を掛け、1階はテナントスペースかどうかを確認しました。

担当者によると、そのビルは近々完成する予定のマンションで、1階のテナントにはすでに2件の申し込みが入っているといいます。私は少しがっかりしながら3番手でいいので、ぜひ申し込みをしたいと言いました。その場所は、まさに私の理想とする立地でした。

代々木公園が目の前でエアバギーを試乗するには絶好の場です。近くにはNHK放送センターがあり、NHKを訪れる著名人にもアピールできる可能性があります。渋谷区役所や税務署に通じる道でもあり、渋谷区民や経営者もよく通るはずです。隣接する井の頭通りは、車や渋谷駅行きのバスの往来が多く、午後からは店の前が渋滞するため、なんとはなしに通りを眺めていればきっとこの物件が目に入ると思ったのです。

もう一つの魅力は、周辺には物販店舗がないという点です。この店1軒だけなら自然にそこに目が行くものです。店舗に照明が当たれば、そこはまるで宝石箱のように見えるだろうとイメージできました。

立地戦略の観点からいうと、例えば商業施設のようにさまざまな店舗が集まり、それを目指してたくさんの人が集う場所への出店は決して悪くはありませんが、逆に目的をもったお客様へのアプローチがおろそかになる場合があります。私は、エアバギーの1号店だからこそ、お客様に最高のホスピタリティ溢れた接客をしたい、またそれがエアバギーイズムとして多店舗展開につながっていくブランディングだと考えていました。こういった思いもあり、緑の多い公園を目の前にしたこの物件は私のイメージにぴったりだったのです。

運命が引き寄せた賃貸契約

12月に入り寒い日が続くなか、私はひざに入ったボルトを抜くため、2度目の手術で入院していました。手術を終えた翌日にベッドに横たわっていると、不動産会社から携帯電話に着信がありました。物件に申し込みをしていた1番手の方が契約日の前日にキャンセルをしたというのです。私は耳を疑いました。

2番手の方は、すでにほかの物件を契約していて不要とのことで、なんと3番手の私に順番が回ってきたのです。あんな良い場所でそんなことがあるのか？　これは完全に引き寄せの法則であり、運命に違いないと、なんとしても契約したいと言いました。電話の相手は、すぐに内見をしてほしいというのですが、ネックだったのは、手術を終えて間もない私の状況でした。

私はベッドから抜け出し、車椅子でナースステーションへ行き、緊急事態なので30

分だけ外出を認めてほしいとお願いしました。

医師からの許可は下りなかったのですが、人生最大の一大事と言って必死に説得をして条件付きで外出を認めてもらいました。条件とは付き添いが必要ということと、30分で戻るということです。病院から店舗の場所まではタクシーで10分なので、往復で20分は掛かります。内見時間は5分あれば大丈夫と、ざっと計算して私は母親を付き添いにすぐにタクシーに飛び乗りました。実際には包帯でぐるぐる巻きの足を支えてもらったうえで、頭から後部座席へ入り、まるで陸に上がった魚のように真横になった体勢で現地に向かったわけですが、理想の物件を一刻も早くおさえなければならないという一心でした。ちなみに病院へは40分後に戻り、静かに自分のベッドにもぐり込み、とっくに戻っていたかのように寝たふりをしました。こうして契約にこぎつけることができ、その後の入院期間も店のレイアウトを考えながら幸せに過ごすことができました。運命的に出会ったこの店から、何かが始まる予感がしていました。

「ベビーカー専門店なんて、やっていけるの?」

代々木公園店は、床面積30㎡と、店舗としてさほど広いわけではありません。

店のレイアウトは限られたスペースを活用して空間を広く見せることを念頭に進めました。柱やくぼみ、でっぱり部分も無駄にせず、什器の一部に仕立てるようなやり方は、20代からアパレルで売り場作りを担ってきた経験から生まれたものです。

店の看板もホームページのアドレスを大きく入れました。当時は今ほど検索サイトが発達しておらず、そうしてアドレスを打ち出した看板は、逆に新しくカッコよく見えたはずです。

また、エアバギーの魅力を体感してもらうのは実際の道路を歩くのがいちばんです。店舗のつるつるしてきれいな床ならあらゆるベビーカーがスムーズに走行できますが、実際に外に出て、道路や歩道の段差や、でこぼこの道を歩くと走行性能の違いが如実に表れます。

店の開店準備を進めているとき、周囲の人々からよく言われたのが、ベビーカー専門店でやっていけるのかという言葉でした。みんなが私を心配してくれていたのですが、正直、私は逆だと考えていました。ベビーカーがほかのベビー用品と一緒に売り場にあることに私は違和感を覚えていたからです。

チャイルドシートとベビーカーは大切なお子様の命を守る製品ですから、専門的な知識をもった店員が、お客様の住宅事情やライフスタイルを聞き、それぞれのお客様

現在の代々木公園本店

2005年当時の代々木公園本店

に合ったベビーカーをご提案することがベストな購入のスタイルだと思います。少し言い方が悪いかもしれませんが、社内で私はよく駐輪場みたいなところにはエアバギーは置かないでほしいと話していました。エアバギーがすべてのお客様の住環境やライフスタイルにふさわしいとは考えていません。ママだけが近くの公園やお買い物に使う場合と、休日にご家族がアウトドアで使うのとでは、ベビーカーの選択は違ってくると思っています。ベビーカーの保管場所についても一緒に考えなければなりません。ベビーカーを2台考えていて、エアバギーは車に積みっぱなしにしておくという方や、1階にベビーカーを置くスペースがあると聞ければお勧めできるのですが、赤ちゃんとベビーカーを担いで階段を上がることはお勧めしていません。私たちは販売することだけが目的ではなく、お客様に合ったベビーカーを一緒に考えながらご提案することがエアバギーのお店の存在価値だと思っています。せっかくエアバギーを購入したのにもかかわらず、使いづらいベビーカーとなってしまうのは残念なことです。逆にお客様によっては、小型のベビーカーのほうがアウトドアで使いづらいからとエアバギーをお求めになることもあります。ベビーカーの選択は間違えてほしくない、だからこそ専門店の必要性は十分にあるのです。ベビーカー専門店がビジネスとしてやっていけるかというのはまったくの愚問です。街の自転車屋さんと同じですし、もっといえば車のショールームと同じです。

さらに大きくホームページのアドレスを入れたことでホームページのアクセス数がそれまでよりも、10倍以上に伸びました。ＮＨＫが近いことが功を奏したのかドラマやＣＭへの貸し出し依頼も増え、エアバギーの認知度は想像以上のスピードで伸びていきました。３年後には最初の改装をし、看板のアドレスも取り、ＡＩＲＢＵＧＧＹという店舗名だけに変更しました。路面店舗は傷みが早いので定期的にメンテナンスをする必要があります。オーニングが日焼けして色褪せてきては張り替え、内装も足場を組んで2週間店舗を休業して全面改装することをこれまでに4回ほどやってきました。そのたびにお店は時代に合わせて変化してきたことを私はすごく良いことだと思っています。そういうことができるのも路面店の特長の一つです。代々木公園本店は特にエアバギーの顔であり、会社の顔ですから、オーニングがいつも新鮮でなくてはなりません。

ある日、お客様からベビーカーって何歳くらいまで使うものですか、と質問を受けたことがあります。

私が3歳くらいまででしょうと答えると、次の子ができればまた使えるかもしれないけれど、一度きりだとちょっともったいないですね、とそのお客様に言われ、私はなぜか返す言葉がありませんでした。

子どもが成長すればすぐに不要になるというのは、ベビーカーという製品の宿命です。エアバギーの製造コストは一般的なベビーカーの2倍以上は掛かります。おそらく日本一製造コストの高いベビーカーです。

しかしだからといって子どもの命を預ける大切な製品に安全を考慮しないで製造するくらいならば、ベビーカーメーカーを続ける資格はないと思っており、品質を落としてすぐに壊れるような製品を作りたいとは思いません。私はその夜、早急にエアバギーのリユースを進める必要があると思い、そのことを考えると眠ることができませんでした。

新たな人材を得て品質向上に注力

2005年前後を境に、会社はぐんと好転していきました。エアバギーは着実に販売数を伸ばし、新たな機種の開発にも着手していました。

このタイミングで入社してきたのが、現社長の原口でした。初めて会ったとき、彼はまだ28歳で、さわやかでありながら力強い目をしているなと思ったのを覚えています。私が中国に興味あるかと尋ねると、原口はすごく興味があるので行ってみたいと答えました。実は私は仕事で何度も中国へ行っていましたが、内心は代わりに任せられる人がいてくれたら助かるなと思っていたので、まずは検品で1回行ってみてもらおうと、社員2名で中国の昆山工場に出張してもらいました。この工場は台湾系の中国工場ですが、エアバギーのサブ工場として別の1機種だけ製造していました。

彼はすぐに昆山に旅立ち、帰国後に詳細な検品レポートと問題点を提出しました。当時は中国語も喋れないし、業界やベビーカーについての知識もなかったはずですが、それにもかかわらず質の高いレポートを仕上げたのを見て、私は彼が品質管理に向いていると感じました。その後、原口は4年間、中国に単身赴任するのですが、原口がこの工場にはいってからは劇的に不良率も品質も改善されました。

またこれはエアバギーのメイン工場に私と原口で出張したときの話です。エアバギーのフレームがゆっくりと流れるベルトコンベアーの左右に検品の担当者が4人1組でそれぞれのチェック項目を確認していくなかで、工員の頭上に掲げられていた検品項目の多さに私は驚きました。

原口を見れば、黒革の手帳に何かを書き込んでいます。そして手帳を脇に挟んで、次のセクションに進むと、今度は工員たちに厳しい口調で指導をします。そしてまた、黒革の手帳に何かを書き込んで、脇に挟んで次のセクションへ進むというのを繰り返しているのを見ていると、まったく妥協しない姿勢に彼以上に向いている人はいないと思いました。

工員に厳しい指導ができるというのも中国工場では重要な役割です。私は、工員たちに怒るということができなかったからです。大量の検品項目をすでに確立しているのに行くたびに増える検品項目、実施状況を常に自分の目で確認し、200人いる工員たちを指導していく原口の姿は、まさに仕事の鬼そのものでした。ここまで徹底してやっていることがエアバギーの不良率の低下につながっていると確信しました。

この仕事を全面的に原口に任せることにしました。彼が帰国して数年たったある日、また中国へ一緒に行くことがあり、ちらっと彼のパスポートを見ると、増刷して年季の入ったボロボロのパスポートは単行本みたいな厚みになっていて、そんなパスポートは見たことがなく、それだけ会社を支えてくれていたのだと感謝の気持ちを抱きました。

素早い行動こそが道を切り拓く

話はさかのぼりますが、2005年の当時は今のようにインターネットで簡単に情報を集めることはできず、私が世界のベビー業界の最新事情を知るには海外の展示会に出向くか海外のベビー雑誌を日本に空輸するしかありませんでした。

ある日、フランスから取り寄せた育児雑誌のページをめくるとデザインの良い小型の三輪ベビーカーが掲載されていました。これまで目にしたことのない斬新なデザイン、流線形のフォルムは近未来的で、シートの色合いも美しく、それでいてチャーミングな雰囲気もあり私はとてもショックを受けました。

私は以前からそうなのですが、すばらしいデザインの商品を見つけるとまずは落ち込みます。そして頭を切り替えデザイナーをリスペクトして、その商品が競合するのであれば私たちが販売に携わりたいと思うという一連の流れがあります。このときもいつもと同じで30分くらいは落ち込み、すぐに頭を切り替えて、今から手紙を書くので、この会社に連絡してほしいと社員に伝えました。

このベビーカーは、世界で巨大なベビー用品の会社である、カナダに本社をもつドレル社が手掛けるブランド「QUINNY（クイニー）」の最新モデル、「ZAPP（ザップ）」でした。

QUINNYというブランドはもともとオランダの会社でのちにドレル社の傘下に入るのですが、オランダはフォルムの美しい商品を生み出すアートの国です。ZAPPというベビーカーに心底ほれ込んだ私は、あのベビージョガーと出会ったときのように何か運命的なものを感じていました。

ドレル社の担当者から返信があったのは2日後のことでした。メールによれば日本市場には以前から関心があり、ちょうど代理店を探していたといいます。ぜひセールスプランを教えてほしいとも書かれていたので、私はすぐに、日本でのブランディングの具体案と3年分の販売予測台数を入れた販売計画を作成して送り、併せてサンプルも依頼しました。大量に販売するという計画ではなく、あえてQUINNYというブランドを日本でどのようにブランディングしていくかということに重きをおいたレポートを提出しました。

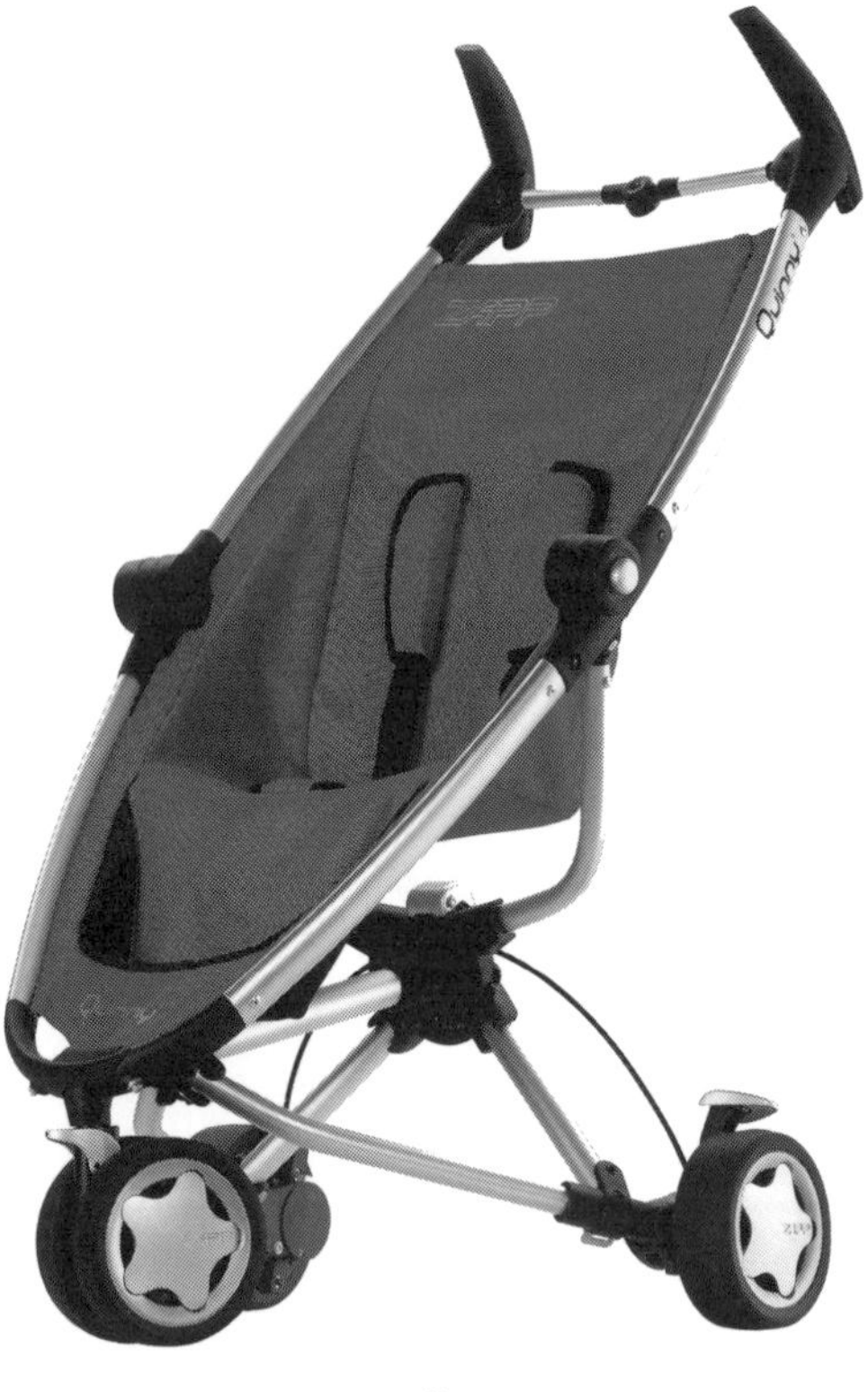

DOREL社のZAPP

「ベビー業界の巨人」の足元へと飛び込む

結果としてそのレポートが功を奏し、QUINNYブランドの日本総代理店になりました。

なぜ、私たちはエアバギーという自社製品をもつメーカーであるのにQUINNYのディストリビューターになりたいのか疑問に思う人もいるかと思います。答えは、そのときの私たちにとって最も必要なブランドであると感じたからです。

当時のドレル社は飛ぶ鳥も落とす勢いで世界のトップを走っていました。ベビーカーのデザインや品質といったモノづくりの技術、人材、グローバルに展開するための販売戦略、プロダクトのメンテナンスやディストリビューターへの対応など、あらゆる点で私たちが学ぶべきことがたくさんあると同時に、デザインがすばらしく強いブランドと組むことで、スピード感をもって一緒に成長していけると考えました。ドレル社もまた、私たちがブランディングを大切にしている会社だったからパートナーに選んだということでした。右手に刀を持っているとしたら、左手にピストルを持っていたほうが戦に勝てるということです。

こうして養子縁組したQUINNYのZAPPとBUZZという2つのベビーカーを、エアバギーと同じように大切に育てました。

実際に、ZAPPとBUZZは初年度から好調な売れ行きで、3年間にわたって目標を大きく上回る販売台数を記録しました。ちょっと悔しいけれど、エアバギーよりも売れていて、デザインとブランドの強さを実感しました。しかし私も経営者です。ZAPPとBUZZが頑張っている間にエアバギーの開発に力を入れてZAPPとBUZZに追いつきたい、追い越したい思いで、新モデルの構想に注力しました。

ドレル社という巨大組織の足元に飛び込んだことで、自社ならではの強みを明確にすることができたように思います。

ドレル社はその巨大さゆえに、顧客一人ひとりに対するサービスの面ではきめ細やかとはいえませんでした。クレームに対してもいちいち反応して改善することはせず、リコールさえも恐れていないように見えました。

私たちのような小さな会社は、一人の顧客のクレームであっても聞き逃すことはせずに改善を試み、真摯に対応します。エアバギーは1台1台、人の手で作るものですから100%はないのですが、私たちなりのリコールに対する考えがあります。今まで他社製品でリコールになったベビーカーをたくさん見てきましたが、お客様からどここそこが壊れたというクレームの連絡が必ずあったはずなのです。そこを軽視して、販売を続けた結果が数万台のリコールに発展するのだと私は思います。判断とそのタイミングが重要なのです。エアバギーには製造ロット番号があって、1台1台のフレームにシールが貼ってあるのですが、不具合の指摘が入った際、それがいつ作られていつ日本に到着し、いつ販売されたのかが分かります。よってリコールの判断を急げば、ロット番号でさほど大きな台数になることはありません。これは永遠に続けていかなくてはいけないメーカーとしての姿勢だと思います。

QUINNYのベビーカーに不具合が出た際、私たちは返品せずにパーツを取り寄せてエアバギー同様自社で修理をしていました。世界30カ国以上あるディストリビューターのなかで、QUINNYのベビーカーを修理していたのは日本だけです。そのことに私は誇りをもっていました。製品を修理するということは、ベビーカーを解体して原因を調べるわけですから、新しい学びがありますし、その後の改善にもつながります。修理せず新品交換をしていたら一向に不具合の原因も分かりませんし、改善されないというのが私たちの考えです。原口は、修理の方法から改善策まで世界一のドレル社にアドバイスしていました。同じベビーカーを製造するメーカーだからこそ、テクニカルな議論ができるわけです。

こうした細かなアフターケアは、大企業ではなかなかできないのかもしれませんが、私たちの会社は都心にあるとはいえ、下町の職人会社だと感じています。そしてこうした取り組みこそ、私たちが次のステージに進むための布石となりました。

「mimi」のヒットで見えてきた新たな戦略

メンテナンスによって技術を磨き、問題点を改良し続けていった結果、エアバギーはすでに第5世代まで進化していました。進化の過程は、私がベビージョガーを手放した際に目指した、「日本にフィットする新たな三輪ベビーカーの開発」に至る道筋そのものでした。

それが2006年、最新モデル「mimi」の大ヒットにつながりました。

mimiはその時点での集大成ともいえるベビーカーで、これまでで最も小型化され、初代エアバギーよりも全長が10cmほど短くなっていました。また、他社のベビーカーが1機種あたり3色ほどしか展開していなかったのに比べ、mimiは全6色で販売をスタートし、その後もカラーバリエーションを増やし最終的に12色までラインナップが広がりました。

色は個性ですので、パントーンのようにどこまでもカラーバリエーションを増やし、工場泣かせのベビーカーでしたが、なにより大きな変化は、エアバギーとして初の前輪が回転する仕様になったことでした。技術が高まり、ベビージョガーの頃からあった顧客の要望を、5年目にようやくかなえられる開発力が備わったのです。

販売戦略も、ｍｉｍｉから大きく変わりました。これまでのエアバギーは、直営店に加え、インテリアショップなど一部の店舗にしか卸をしていませんでした。業界では、まずチェーン店に卸すのが一般的でしたが、私たちはその逆でした。それは、憧れのライフスタイルを提案するなかにエアバギーがあるというイメージを作りたかったからです。

しかしｍｉｍｉからは、大手ベビーチェーン店とも取引を始めました。そのために、営業職も数人増やしました。

ベビーチェーン店に卸をしなかった最大の理由は、販売員を立てられないからです。すべてのメーカーのベビーカーを一堂に見られるメリットはあるのですが、そこにエアバギーの販売員がいないと誰も説明できる人が立ち会えません。昔、エアバギーを卸していたお店に出向いて、並んでいるベビーカーが後ろ向きに置いてあったので、

mimiに取り囲まれた著者

私はそれを直していました。するとどこかのメーカーの販売員の方が、ベビーカーをお探しですか?と声を掛けてきたので、はい、エアバギーを見ていましたと答えると、これは畳めませんよと、別のベビーカーを持ってきて目の前で片手で折り畳んで見せ、今はこれですよと得意げに言うのです。私はそうですねと返すと名乗ることもなく足早にその場を離れ、鼻息も荒く会社に戻り、エアバギーは畳めないって言われた、今すぐあの店から商品を引き上げて!と怒鳴り散らしたことがあります。それ以来、ちゃんと説明できるスタッフを送り込めない限り、チェーン店には卸をしないと決めました。それでも、全国を網羅することはできないので、あくまでも直営店志向ではあるのですが、お客様の声にお応えするように少しずつですがチェーン店に置いているのが現状です。

エアバギーのリユースはドッグカート

海外展開を模索する一方で、m·i·m·iの大ヒットという追い風にのり、国内で直営店をどんどん開店していきました。

代々木公園店に続く2店舗目の直営店は、兵庫県の苦楽園にオープンしました。

物件は路面店の1階で、階段を少し上った位置にあり、夜はビル全体がライトアップされて、まるで宝石箱のようにきれいに見えました。

オープン後はすぐに話題となって売上は順調に推移し、店の前に車列ができて交通整理のガードマンを雇うほどの人気店となりました。その頃は代々木公園店の売上も坪100万円ほどとなり、入場制限を設けるような状態でしたから、私は大好きな街の一つである代官山に3店舗目の直営店を造りました。

45坪の広さの代官山店は、自然光がよく入り明るい印象です。ベビーカーを全色展示する旗艦店として位置づけ、製品ごとのカラーを際立たせるため、いっさい色を付けない店舗に仕上げました。真っ白な店内に虹のようにベビーカーが並び、自然光を浴びてきらきらと輝いて見える陳列が業界で話題となり、ベビーカー関連の会社の人々が世界から見学に来ました。売上も好調で、お待ちボードにお名前を書いて接客までに要する時間は約1時間という異例の現象まで起きる店となりました。同じ渋谷区に二店舗出店するのはどうかという意見もありましたが、どちらの店も、1000万円を超える売上でした。

その後も続けて福岡店を開店し、会社はさらに成長していきました。

part 3

他の業界の技術を応用する
ペットのためのバギー開発に乗り出す

エアバギー代官山店

ユーザーの方から寄せられた声をはじめ、さまざまな顧客データを見ていくなかで私の目を引いたのは、エアバギーのユーザーの多くは犬を飼っている、あるいは実家で飼っているということでした。

私自身も子どもの頃からずっと犬と暮らしてきました。以前飼っていたコッカースパニエルを亡くして以来、ペットロスに悩まされていましたが、ようやく新たな子を迎えるタイミングが訪れたと思い、このペットカートの開発に備えてトイプードルを家族に迎えました。

赤ちゃん用のベビーカーと違い、ペットの場合は体格に差があり犬種によって運動量にも違いがあります。ここが難しいところで、私は愛犬を試作のカートに乗せて試乗を繰り返していたのですが、道路の凸凹で犬が飛び出さないようにハーネスが大切であるとか、ほかのワンちゃんと出会ったときの犬の興奮状態など、予期せぬ行動を知る必要がありました。それでも私がいちばん驚いたのは、想像以上に犬はカートが大好きだったことです。散歩をしていても自分のペースでカートに乗せてくれとせがむようになっていました。世の中的にはまだ、犬は歩くものだとか、甘やかしではないかという風潮がありましたが、カートに乗っている犬たちは、カートが大好きでした。私が玄関でカートをセットしていると、お出掛けを察知して、まるでサーカス団のように回転したりはしゃいだりして、全身で喜びを伝えてきました。こういう無邪気なところが犬好きにはたまらなくかわいいのですが、さすがにコットには飛び乗れないので下のバスケットに入って待っていたりします。

犬たちがこんなに乗り物好きだとは、思いませんでした。

犬の体格差を考えたドッグ用のコット開発

こうしてエアバギーのフレームに乗せる次のアイテムは、ドッグ用コットで開発は順調に進みました。体格の違いを考えてコットのサイズは3種類用意しました。

そしてコットの開発と並行して私たちが進行させた企画が大型犬専用のカートでした。老犬になった大型犬こそ、カートが必要であると社内では話していました。40キログラム近い老犬を移動させるのはご家族にとって大変なことです。また、楽しかった散歩ができなくなるとかわいそうですので、カートに乗せて風を感じさせてあげるだけでも幸せだと思います。当時もペットカートはわずかながら存在しましたが、それは私たちの納得できるものではありませんでした。残念ながら、ベビーカーのような厳しい安全基準がペットカートには義務づけられておらず、それも一つの原因であると考えます。

そこで私たちは、ペットカートもベビーカーと同じ安全基準に合致したカートを提供することを決めました。ベビーカーを製造するメーカーとしては当たり前のことであり、生地の強度や、堅牢度やホルマリンについてもベビーカーとすべて同じ基準で作っています。安全基準がないからなんでもいいのではなく、わが子にどうしてあげたいかという愛を、きちんと商品の性能に表しています。

国際展示会で知った世界市場の壁

2008年9月、ドイツのケルンで開催された「KIND+JUGEND」に、私たちはエアバギーを初めて出展しました。

巨大な会場に世界中のベビー用品が展示される世界最大の展示会です。

展示会では、初日から日本の大手ベビーカー会社の役員の方々が、私たちのブースまで来てくれて、おめでとうございます、ついにここまで来ましたね、と声を掛けてくれて私は感無量でした。それまでは同業他社とのつながりがまったくなかったため、自分たちがどう見られているのか気になっていたというのもあり、やっと認めてもらえた気がしたのです。

結局ケルンの展示会には、2年出展し、その後は出展をやめました。その理由はいくつかあるのですが、国を超えてのB to Bビジネスに少し疑問を感じ始めたからです。

例えば、欧州ではハンドルの高さ調節が最も重要であると言われたことがありました。私たちもハンドルの高さ調節ができるベビーカーを過去に作っていたことがありましたが、ハンドルにジョイントを入れることでガタつきが発生してしまうなど問題が起きてしまい、もともとハンドルの高さは、一般的なベビーカーよりも10㎝高くしてあるので日本では問題がないのですが、欧州となるとそれでも低いということになるため、改良しなければなりません。

このように国を超えてのビジネスは一つ追加することで一つ失うものがあると話し合い、それならばあえて、ヨーロッパに販売しないでいいのではないかと結論づけました。それでもイギリスからオファーがあった際、イギリスはベビーカーのシートが防炎加工されていることが必須なので、イギリスの安全規格に合致したシートに作り替えて販売していました。

ディズニーとのコラボ

2008年の同じ頃、ウォルト・ディズニー・ジャパンからベビーカーの依頼があったときは、ぜひやらせていただきたいと歓喜しました。なぜなら昔から年齢関係なく誰をも幸せにするウォルト・ディズニー・カンパニーのホスピタリティが私の理想の会社であり、ビジネスモデルだったからです。

私は会社に「この仕事は私にやらせて」と告げ、かわい過ぎない大人のミッキーをテーマにベビーカーを作りました。こだわりは、赤ちゃんがミッキーの手に抱きしめられているように白い手袋をショルダーパットにアップリケを付けたり、ピークアブーウィンドウ（ベビーカーの屋根の窓）のカバーを開けるとミッキーのシルエットがメッシュになっていたりといったところです。ミッキーファンを喜ばせたくて、あそび心をもったm・i・m・iのミッキーモデルにしました。この仕事は、私が作りたかったかわい過ぎない大人のミッキーモデルを自由にやらせてもらった忘れられないプロジェクトでした。製造はとっくに終わっているのですが、限定数であったために今でもコレクターの間でレアプロダクツとして、人気があるようです。

part

4

今後の需要を予測し、ブランディングする
人生に寄り添う「ライフバギー」を目指す

リーマン・ショックで漂う暗雲

世界に激震が走ったのは、2008年9月15日でした。アメリカの巨大証券会社、リーマン・ブラザーズが連邦破産法の適用を申請し、破綻したのです。世にいうリーマン・ショックの始まりです。

原因となったのが、2007年夏頃から表面化してきたサブプライムローン（低所得者向け住宅ローン）でした。国内の景気が後退し、住宅ローンの支払いが滞る人が続出した結果、リーマン・ブラザーズをはじめサブプライムローンを取り扱っていた金融機関やファンドが失墜しました。翌年に掛け、アメリカを中心に投資や消費が激減し、その影響は世界に及んで国際的な金融危機へと発展していきます。日本も不況に襲われ、2008年6月で14000円を超えていた日経平均株価が、翌年3月には7000円ほどと、半分にまで暴落しました。

事業への直接的な影響という点でいうと、建設業や小売業などの業界に比べればベビー業界が受けた打撃はそこまで大きくはなく、私の会社としてもリーマン・ショック前後での売上はさほど変わりませんでした。

それでも会社は、創業以来最大の危機を迎えました。発端となったのは、私の為替デリバティブ取引でした。

これは、あらかじめ契約した期間に、一定の価格で外貨を売り買いするような仕組みの取引です。例えば金融機関との間で「1ドル100円というレートで毎月5万ドルを5年間買い入れる」という契約を結んだなら、その後円安が進んで、1ドルが130円になったとしても、5年間は100円の固定レートで毎月5万ドル分のドルを入手し続けることができるというものです。反面、円高に振れれば実際のレートよりも高くドルを買わねばならないというリスクも付いて回ります。

ただ、同じ値段でドルを買い続けられる点では、見方によってはリスクヘッジができるとも考えられます。実際に私もそのような判断をしましたし、輸出入に関わる中小企業のほとんどが、為替デリバティブ取引を続けていたと思います。

こうした取引が広まった大きな理由は、メガバンクをはじめとした大手銀行が中小企業等に対して積極的に営業を掛け、販売数を伸ばしていったからです。メガバンクだけで6万件以上もの為替デリバティブを販売したという話もあります。

私の場合、1ドル104円のレートで毎月7万ドルを5年間買う契約でした。

2004年から2007年頃にかけて、1ドル115円から120円ほどまで円安が進行していましたから、しっかりと利益が上がっていました。

ところがリーマン・ショックを機に一気に円が買われ、1ドル80円台もの空前の円高となりました。何が起きたにせよここまで極端な為替の動きを想像していた人は、きっと誰もいなかったと思います。

契約の内容では、1ドルに対し24円もの損害が出る計算です。海外の工場を生産拠点とする私の会社では、そこに対する外貨での支払いは年間数百万ドルに及びます。仮にリーマン・ショック後、何年も同じようなレートが続いたなら、残りの契約期間である3年間で3億円もの損失が出る計算でした。

私は金融機関に緊急融資を求めました。事業としては順調に成長を続けていましたから、通常であればむしろ喜んでお金を貸してくれるはずですが、リーマン・ショック後にはメガバンクを中心にいわゆる貸し渋りが始まり、借り入れが困難な状況となりました。よく、銀行は晴れの日に傘を売り、雨の日にそれを取り上げるなどと皮肉られますが、私もこのときばかりは手のひら返しに遭いました。

為替デリバティブ取引の損害の補填分どころか、運転資金すら出してくれなくなり、会社の経営は窮地に陥りました。会社が成長しているときは常に資金不足に陥りやすくなるので、運転資金をしっかりサポートしてくれることが銀行の役割であるにもかかわらず、自分たちで進めたデリバティブで自分たちは利益を上げて、その損失を負った企業に対しては、平気でハシゴを外すのですから酷い話です。

この先も融資が受けられなかったなら黒字倒産するしかないという悪夢のような現実を前に、私は精神的に追い込まれていきました。

絶体絶命！　黒字倒産の危機

すぐに用意しなければならなかったのが、工場に支払う2億円余りの買掛金でした。それを払えなかったならエアバギーの生産ができなくなり、完全に事業が止まります。そんな絶体絶命の状況で、私が為替デリバティブを最も多く買っていたメガバンクから、ある日M&Aの提案があり、投資家を紹介されました。

当然のことながら、私はこの提案を受け入れたくはありませんでした。ゼロから創業し、丹精込めて育ててきたわが子のような会社、そしてエアバギーを、他人の手に渡すことは耐えられません。

しかしこのままでは、事業は好調でも黒字倒産してしまいます。それだけは、たとえ命に代えても避けねばなりません。

黒字倒産を免れるためには、もはやM&Aしか残っていないように私には思えました。少し考えさせてほしい、そう言っていったんは引き取りましたが、投資家の方の印象は良く、こういうプロの方が会社を成長させてくれるのかもしれないと考え、翌日にはM&Aを進める方向で、銀行にお願いをしていました。

担当者がいうように、確かにその投資家は、私の会社をかなり高く評価してくれました。会社が良い方向に向かえば、また会社を買い取ればいいと私に話してくれました。それだけうちの会社に惚れ込んでくれているなら、M&A後もきっと社員たちを守っていってくれるだろうと、この方と一緒に資金繰りに困ることなく会社を成長させることができるならばと信頼は深まりました。

そしていよいよM&Aが最終段階に入り、あとは契約書を交わすだけの状況になったとき、投資家から電話が入りました。電話に出ると、投資家は私が嘘をついていると言うのです。

開口一番、きつい調子でそう言われ、私はたじろぎました。求められる資料はすべて提出し、誠実に対応してきたつもりでしたから、まったく心当たりがありません。詳しく話を聞くと、私が行っていた為替デリバティブだと今のレートで残りの契約期間に2億円の損失が出る、この損失額を加えると会社の価値はゼロになり、株価もゼロになると言いました。私は、ここまで経営を続けてきて、ゼロという評価がショックであると同時に、なんでゼロで他人に会社を明け渡さなければいけないのかという脅迫めいたこの現実を受け止めることができませんでした。

確かに急激な円高により一時的な損失が発生しましたが、このあと為替がどうなるかなど誰にも分かりません。残りの期間で為替が再び円安になる可能性もあり、損失としてまとめて計算するのはかなり無理があります。今思えば、そうして揺さぶりを掛け、できる限り安く買いたたくのが投資家の作戦だったのでしょう。

それでも、私に選択肢が残っていないことには変わりありません。工場への支払期限はすぐそこまで迫っているのです。

投資家は、ゼロ評価でも合意するかどうかの回答期限は明日の午前中まで、それが最後のチャンスだからよく考えてほしい、そう言って電話を切りました。私は電話を切ってからしばらく思考力を失いました。

残された最後の希望

回答期限となった日の午前中、少し冷静になっていた私のもとに、原口から連絡が入り、社長が決めることだけれどもここまで苦労して会社をやってきたのに本当にそれでいいのですか?と言いました。私がため息をつきながら、もう他に選択肢がないのだと伝えると、原口は、もし社長が代わるなら自分はこの会社を辞めると言いだしたのです。

会社の創業期から苦楽をともにしてきた戦友である原口からの言葉に私は返す言葉がありませんでした。さらに原口は、工場に払う2億円さえなんとかなればひとまず会社を売らなくて済むということなら僕が工場に話をしても良いですか?工場もそれを望んでいないはずですと続けました。

2億円という大きな金額の支払いを待ってもらう選択肢は、私のなかにはありませんでした。同じ経営者として、ともすれば相手の会社をも窮地に追い込むようなお願いをするなどできなかったのです。

しかし原口は、4年間にわたって中国に滞在し、日本に帰国してからも毎月中国の工場へ出張し続けてきました。工場とは私以上に信頼関係ができているからこその言葉であると理解しました。

私は原口に、工場に状況を伝えるようお願いをして電話を切り、続けて投資家に電話をしました。まだ工場からの回答はなかったのですが、原口の真剣さが私の心を強くし、私はこの話をお断りするという結論を出すことができたのです。申し訳ございません、今回のお話は合意することができませんとお詫びをする私に対して、投資家が一言だけ、そうですか……社長さんの決断はきっと間違っていないと思いますよと言ってくれました。彼は私の会社の可能性を感じてくれていたのだと思います。彼にとっては仕事だから仕方ありませんが、それでも最後に私に情けを掛けてくれたのです。投資家は悪い人ではなかったと思います。

原口が工場に事情を話すと、工場の社長は、まずきちんと話を聞きたいと言ってくれ、私たちは返済計画表を作成して香港で会うことになりました。私が話すことを、隣に座る原口が中国語で通訳してくれました。無理のない範囲で返済をしてくれればいいので、今までどおりやっていきましょうと、社長夫妻から温かい言葉をもらい、ありがとうございますと私は頭を深く下げました。おそらく原口にしたら安堵の思いはあるものの、このときほど私が小さく見えたことはなかっただろうと思いますが、私にしてもこのときほど原口がたくましく見えたこともありませんでした。苦労をともにしてきた原口を次の社長にした理由の一つがこの忘れることができない出来事にあります。あのとき、私が合意していたら原口は会社を辞めていますし、社長になることもなかったわけです。

もう一つ、あのとき、工場の社長夫妻に話ができなかった自分は社長としても人としても未熟だったと思います。今の私であれば、間違いなく自分で話をしています。何が会社にとって大事なことなのか、自分が言えないとか言いたくないではなく、経営者として、話す勇気と強さを今はもっています。お人好しだったり、変なプライドがあったりすると本質が見えなくなるだけでなく、会社も社員も守ることができません。守りたいのに本気で守るというための思考になっていない当時の私は未熟でしたが、苦しい出来事をいくつも乗り越えることで経営者らしくなっていくのだと思います。

世界最難関の安全基準に挑戦

私たちは危機を乗り切り、私は初心に返ったつもりで、気持ちを新たにエアバギーの開発を進めていきました。

ペットカートのフレームに乗せるコットとショッピングカート用のバッグの開発に加え、フレームも自動改札を通り抜けられるように改良を加えました。


新たなフレームの開発で最も画期的だったのは、ようやくあらゆるパーツの型を自社で用意したことです。それまでは工場にある型の一部を借り、OEMのように製造していたわけですが、この段階で初めてオリジナルといえる製品を作れるようになり、日本の生活環境に合わせた改良が一気に進みました。

開発の自由度が高くなれば、各部品についても極めたくなるものです。あるとき、原口が私の前に、タイヤの回転を左右するパーツであるベアリングを5つ並べ、それぞれの性能とコストを説明したうえで、社長はどれを使いたいですかと聞いてきました。

日本のベアリングメーカーは高い技術力と品質で世界にその名を馳せています。最高品質のベアリングは、高速で走ることを前提とした競技用自転車に採用されているもので、ベビーカーに付けるのは明らかにオーバースペックでした。2番目のランクのものも高級自転車で使われており、そこまでの性能はベビーカーには要らないかとも思います。

それでも私たちは、結局2番目に良いものを選びました。このベアリングのおかげで、エアバギーは押したときに軽く抵抗力のない走行性が実現できるのです。

こうしてベアリングという、技術の粋を集めた、見えないパーツにまでも性能を求め、あらゆるところに手を抜かずに、次世代のエアバギーを作り上げていきました。

開発にあたっては、試作品を作り安全基準に準じたテストを繰り返すことになります。ちなみにエアバギーは、COCOから「EN1888‐2」という安全規格をクリアしています。

欧州統一安全規格であるEN1888‐2は、世界で最も厳しいベビーカー安全規格です。最新の規格では、耐荷重テストが「シートに22キログラム、バスケットに5キログラム、ドリンクホルダー0・5キログラム、総重量27・5キログラム」という負荷を掛けて行われましたが、エアバギーはこれをクリアしています。

なぜEN1888‐2は基準が厳しいかというと、多様な気候での使用を想定し、身体の大きさに差のある多種多様な人種の子ども、そして石畳や未舗装道路などのさまざまな生活環境に耐え得る安全規格として、ヨーロッパの環境や文化に則して生まれたものだからです。無力な赤ちゃんの安全を守るベビーカーだからこそ厳しい安全

エアバギーの転倒テスト

基準のもとに管理しなければならないとの発想は、極めて正しいものです。

認定のための試験としては、段差にぶつかりながら24時間走り続ける走行テストをはじめ、ハンドルへの荷重や、本体を傾けた状態での転倒テスト、タイヤの劣化と摩耗スピードを調べるテスト、何万回も折りたたんで壊れないかを見るテストなど、多岐にわたってリスクを厳しくチェックされます。

厳しい安全基準をクリアしてきたからこそ、エアバギーは日本のどのベビーカーよりもタフに仕上がっているのです。

日本でよく知られる安全基準に「SGマーク」があります。消費生活用製品の安全性を認証する日本独自の任意基準です。

ＥＮ１８８８－２は、ＥＵ加盟国で販売されるすべての指定製品に取得が義務づけられているもので、日本のベビーカーでこの安全基準に対応しているのは今のところエアバギーだけです。

こうしてあえて海外の規格を選んだのは、最も厳しい安全基準への挑戦に加え、のちの海外市場を見据えてのことでした。

ベビーカーメーカーからの脱却

２０１０年11月26日は、私にとって大切な記念日となりました。エアバギーの新たなモデル「ＣＯＣＯ」が、ついに発売されたのです。

ＣＯＣＯは、耐久性の高い本体フレームとタイヤをベースに、目的に合わせてシートを取り替えることで「ベビーカー」「ドッグバギー」「ショッピングカート」と3通りの使い方ができる、まったく新しい製品でした。わが子がベビーカーを卒業したあとも、ライフバギーとして買い物や愛犬との散歩に活躍します。

「3つの機能をもつエアバギー」という斬新さが最大の売りでしたが、実はフレームそのものも、これまでにない完成度でした。全長も幅もさらなる小型化に成功し、もうこれ以上小さくすることはできないというサイズに仕上がりました。

ＣＯＣＯのフレームこそが、私がこれまで追いかけ続けてきた「日本に合った三輪ベビーカー」の最終形だと、自信をもっていえます。

機能面だけではなく、デザインにもこだわりました。ベビーカーを横から見たときの可愛さにこだわり、丸く大きな屋根、生地の質と風合い、そしてパントーンのような豊富なカラーバリエーション。それまでの日本ではおよそ見たことがない特徴的なデザインに仕上がりました。

会社にとっても、ＣＯＣＯの開発は大きなターニングポイントとなりました。

ベビーカーを製造するメーカーから、エアバギーというフレームをベースとして、その上に乗るものを売っていくメーカーへと変わったのです。ファーストモデルでは、ドッグバギーとショッピングカートという2つの使い方ができるようにしましたが、バギーやカートが役立つあらゆるシーンに参入できる可能性を、ＣＯＣＯは秘めています。会社としても、ベビー業界の枠を飛び出して成長市場へとフレキシブルにチャレンジできる体制が整ったといえます。

結果的にＣＯＣＯは、1万台売れれば大ヒットといわれる業界で、3万台以上を販売するメガヒットとなりました。一つのフレームを長く使うというサスティナブルな

3in1 目的に合わせてシートを替えることができる

発想が評価され、デザインによって暮らしや社会をより良く変えた製品やサービスに贈られるグッドデザイン賞を受賞しました。

いたずらわんことの闘いの日々

2010年はCOCOに加えてもう一つ、エポックメイキングな製品を発売しています。

それが「AIRBUGGY for Pet」です。

このドッグ専用のペットカートには、発売前からとにかく否定的な声が目立ちました。日本だけではなく、ヨーロッパの友人たちも口をそろえて、「NO WAY（あり得ないよ）」と言いました。

前例のない新しいチャレンジに対して誰もが否定的なのは、世界共通です。そしてあり得ない、やめたほうがいいと言われれば言われるほど、そのビジネスにはチャンスがあると私は考えています。

実際に販売を開始すると、AIRBUGGY for Petは思いのほか好調に売れていきました。3種類のサイズを展開しましたが、多頭飼いのユーザーの支持を集めた最も大きなサイズが特によく売れました。世に市場がほとんどない状況でしたから、最初は伸び悩むと予想していたのですが、うれしい誤算でした。

しかしそこまでは良かったのですが、販売してからしばらく経つと、修理依頼が届くようになったのです。

その内容というものは、ワンちゃんがファスナーを噛んで壊したとか、生地を破いたとか爪で引っ掻いたというものでした。犬は一度成功したことを覚えていますので、修理してもまたすぐに同じことをして電話をいただく日々が続きました。同じお客様から修理の依頼が再三あるので、会社はできないように改善するべく修正に追われました。コットのメッシュ部分は二重にして、内側の素材は、まるで網戸のように細かく、爪が入らないように変更しました。

私たちの闘いの相手は、いたずら好きのわんこたちでした。

ファスナーを頑丈なものに替え、飛び出し防止フックを鉄製にし、メッシュを犬の爪が入らないサイズまで細かくするといったマイナーチェンジを繰り返しました。

ペットカートで切り拓いた新たな可能性

ペットカートは、ベビー用品ではなくペット用品になるので、その販売戦略も、従来のエアバギーとは大きく異なりました。

例えば展示会も2010年に幕張メッセで開催された「インターペット2010」が、業界へのお披露目の場となりました。ベビー業界の展示会には10年ほど出展を続けてきましたが、そのほとんどがBtoBであり、BtoCがメインとなるインターペット2010ではその差を如実に感じました。

最も驚いたのはターゲット層の広さです。ベビーカーのユーザーは20代、30代が多数を占めていましたが、ペットでは20代から70代まで、老若男女問わずユーザーが存在します。ペットに関する製品へのニーズは、ベビーカーとは違い長く使うものなので、丈夫さが求められていました。ただ、「わが子」にお金を掛けるのを一つの喜びとし、お金を使ってでも良いものが欲しいという傾向があるのはベビーでもペットでも変わりませんでした。

その後、AIRBUGGY for Petの売上は右肩上がりに伸びていきました。

背景としては、温暖化やヒートアイランド現象により真夏のアスファルトを犬が歩くと肉球をやけどしてしまうため、カートに乗せる人が増えました。また、医療の進歩によりペットも長寿化が進み、歩けなくなった老犬をカートに乗せて散歩させるという需要も増えていきました。初年度は500台だった販売台数が、現在は1万台を突破し、エアバギーに迫る勢いで現在も成長を続けています。

AIRBUGGY for Petが好調な一方、COCOも負けてはいません。実は2012年にさらなる進化を遂げ、ブレーキモデルが新たに登場しました。

自転車のブレーキの開発製造で世界的に知られるメーカーである唐沢製作所と手を組み、エアバギーだけのために開発してもらった新たなブレーキを搭載しました。ペットカートやショッピングカートへの転用を見据え、さまざまな用途にもフィットするブレーキシステムを求めていました。

プロジェクトを担当した原口が、最初に唐沢製作所を訪れたのは2007年です。しかし、ベビーカーに付けるブレーキは専門外ということで、なかなか良い返事をもらえずにいました。それでも原口は、唐沢製作所が生み出す最高品質のブレーキにほれ込み、足しげく工場に通って何度も頭を下げました。その熱意に負けて、開発を承諾してくれたと唐沢製作所の担当者から聞きました。

インターペット2022でのエアバギーブース

そこから開発期間を経て、ＣＯＣＯに搭載されたブレーキシステムは、自転車のように片手で絞るタイプではなく、両手で握るポールタイプへと変わりました。この形なら、握力の弱い人でも楽にブレーキを掛けられます。シニアカートを見据えた配慮です。

こうして世に出たＣＯＣＯブレーキモデルは、現在でもエアバギーの主力ベビーカーとなりました。

メンテナンスセンターを稼働し、長期使用のための環境を整備

数々の製品がヒットし、エアバギーというブランドは全国へと広がっていきました。エアバギーのコンセプトとして掲げた「使い続けるエコ」という発想が少しずつでも受け入れられてきた証でもありました。

エアバギーだけではなく、ペットカートもやはり長く使えるものであり、大切に使い続けてもらうには、メーカーとしてのアフターケアが大切です。

そこで出てきたのがメンテナンスセンターの新設でした。

これまでも自社で修理やメンテナンスに当たってきていましたが、販売台数が増えてきたため、専門部隊でより本格的にアフターケアを実施することにしたのです。センターの運営には、柱となってくれる熟練技術者の存在が不可欠でした。私と原口で探し回った結果、中国工場で、10年間シニアカートの技術者として活躍した人が日本に帰国すると聞き、ぜひと頼み込んで、入社してもらいました。

メンテナンスセンターは、2012年から正式稼働しました。スタッフたちは、いずれもエアバギーを熟知していて、丁寧かつスピーディな仕事をしてくれます。顧客に対してもホスピタリティをもって当たり、その声に真摯に耳を傾けます。

メンテナンスセンターは、消費者からは見えない裏方の部署ですがエアバギーの思想を最も体現し、ブランドを支えてくれています。必要なパーツを交換するだけではなく、修理したエアバギーをぴかぴかに磨いて持ち主に返してくれます。

修理やメンテナンスに出すと、新品のようになって戻ってくるエアバギーに対し、感動や感謝のメールをもらうこともよくあります。時々、初期モデルの懐かしいベビーカーをお預かりすることもあり、すり減ったタイヤを見れば、それだけの長い距離を歩かれたのだろうと、心底うれしくなります。たくさんの楽しいお出掛けが、私と同じようにお子様の記憶の原点になれたらと思います。

メンテナンスセンターの存在こそ、エアバギーが2~3年で廃棄されるベビーカーではなく、一生涯をともにする、まさにライフバギーとして長く使えるという証です。

そしてまた、他のメーカーや代理店との最も重要な差別化要因であり、私たちの存在価値はここにあると感じています。

念願だったハワイ店を開業

2012年には、再び海外展開にもチャレンジしています。

私がベビージョガーと出会った特別な場所であるハワイに、海外1号店をオープンしたのです。自分の人生を変えてくれた土地、ハワイにいつか店をもちたいというのは、私の夢の一つでしたが、このタイミングでなぜ実現したのかというと、すばらしい物件と巡り合えたからでした。

友人の結婚式でハワイを訪れた際、ワイキキの中心にあるショッピングセンター、ワイキキ・ビーチ・ウォークに空き物件があると知り、私はすぐに契約を結びました。

ビーチ・ウォークという響きが実にエアバギーらしく、名前のとおりビーチに続く道なのです。エアバギー・ワイキキ・ビーチウォーク店とお店の名前から先に決めました。青い空とビーチとヤシの木の下で、色鮮やかなエアバギーを見たとき、ここがあなたの故郷だよと言ってあげたい、そんな思いにかられました。ハワイが似合うエアバギーを見て、やっと、いや、ついに帰ってくることができたと私の夢がまた一つ実現した瞬間でした。

契約時、オープン準備をするためのフリーレントの期間を5カ月も付けてくれて、やけに気前がいいなと思いました。

さっそく、店舗デザインや製品の確保、スタッフの面接などをしていきましたが、一つだけどうしても動かせないものがありました。ハワイでは、工事をする際に「パーミット」という州からの工事許可書が下りなければ工事に入れません。そして、いつ許可が出るかもさっぱり分からず、ひたすら待つしかない状況となります。2月に契約を結び、フリーレントが終了する8月にオープンするという計画を立てたのですが、なかなか連絡がありません。近隣の有名シェフのレストランは、許可が下りるのに8カ月掛かった、などといった話もあり、私は大いに不安になりました。結局、許可が下りたのはオープンの2週間前でした。

オープン日にはセレモニーが予定され、地元メディアをはじめとした取材が入ることが決まっていました。

内装工事業者が徹夜で作業をしてくれたこともあって、なんとか予定どおりオープンできたのですが、異国の地でのオープンというのは勝手が分からずハラハラします。ハワイはすべての工事に時間が掛かるということは聞いていたのですが、電話工事一つとっても数カ月かかりましたので、時間に余裕をもって取り組む必要があるのです。これがフリーレント5カ月分の理由でもありました。

オープンセレモニーは、ブレッシングセレモニーというハワイの伝統的なスタイルで行われました。友人、知人、関係者など大勢の人たちが、みんなで手をつなぎ、お祈りを捧げる感動的なセレモニーでした。こんな経験は人生でそう何度も味わえるものではない、そう思ったほどです。

この店のマネージャーを務めてくれたのは、創業当時のメンバーの女性で、彼女は結婚をしてオハイオに住んでいたのですが、このタイミングでハワイに移り住んでいました。そもそもなぜハワイに店を構えようと考えたかというと、旅行で訪れるエアバギーユーザーのためというのも大きな理由の一つでした。レンタルバギーとエアバギーを持参してハワイを訪れるファミリーのケアが目的で、ハワイに行くからと日本で事前にタイヤに空気をパンパンにして飛行機に乗ると、気圧などによって破裂する

ワイキキ・ビーチウォーク店でのオープンセレモニー

恐れがあり、空港に着いたらベビーカーが使えないとか、滞在中にパンクしてしまったとか、何もケアできない状況になってしまいかねません。そこでワイキキのど真ん中にお店をもつことで、エアバギーのケアができてお客様からとても喜ばれていたのですが、オープンして1年ほどだった頃、信じられない情報が私の耳に飛び込んできました。

それは、2014年から、アメリカのベビーカーの安全規格が変わり、三輪ベビーカーだとそれを満たすことができなくなるというのです。つまり、ハワイに輸出できなくなるという話です。三輪ベビーカー発祥の国アメリカで、まさかそんな規制が掛かるなど、夢にも思いませんでした。

その頃はすでに、現地の航空会社や旅行会社とエアバギーのレンタル提携を結んでおり、トランプインターナショナルホテルの貸し出し用ベビーカーの指定も受けていましたから、すぐに店を閉めるわけにはいきません。

緊急でマネージャーとどうするかを話し合った結果、ベビーカーからペットカートへと取り扱う製品を変えるという結論に至りました。

もしここでペットカートがなかったなら、閉店するしかありませんでした。エアバギーという店の看板すら変更せずに営業を続けられたのはラッキーだったと思います。

結局のところハワイ店は残念ながら2018年に6年の時を経て完全閉店しましたが、海外で実際に店舗営業の経験を積めたのは、大きな勉強になったと感じます。たとえどんな結果になろうと、新たなチャレンジが無駄になるということはないのです。

経営者をやってきて本当に良かった

経営者として最高にうれしい受賞は2014年に東京都が主催する「経営革新優秀賞」で最優秀賞を受賞したことでした。

東京都が承認した経営改革計画に基づいて、新事業に積極的に取り組み成長を果たした企業を表彰する賞です。最優秀賞は毎年1社しか選ばれず、まさか受賞できるとは思っていませんでした。

発端は、東京都からエントリーの推薦を受けたことでした。理由を聞けば、ベビーカーからペットカートやショッピングカートへ、という新たなイノベーションを起こし、世の中に受け入れられているからだといい、せっかく声を掛けてもらったのだからとエントリーを決めました。

結果はホームページ上で発表されるとのことで、当日はどきどきしながらウェブページを開いた記憶があります。すると、どこよりも先に私の会社の名前が目に飛び込んできました。私は思わず歓声を上げ、社内全員で拍手をしました。

その後、東京ビッグサイトでの授賞式では、受賞者によるスピーチをしました。私はこれまでの歩みや開発のきっかけなどを話し、ひととおり話し終わった際に、あらためて過去を思い返しました。

バブルが崩壊し、資金調達で冷たくあしらわれ、いつか見返してやるとちかったこと、ベビージョガーとの出会いと成長、これまでの苦労が走馬灯のように頭のなかを巡り、胸がいっぱいになりました。

ここまで諦めずにやってきて、本当に良かったと口にした瞬間、涙が頬を伝いました。

ちなみに東京都の賞としては、2016年に「勇気ある経営大賞」の奨励賞ももらうことができました。長く使える「ライフバギー」というコンセプトに基づいたエアバギーの製造が、サスティナブルなモノづくりとして評価される時代がきたのだとうれしく思います。

イオラニ×エアバギー

2014年、私はハワイの老舗アロハシャツメーカー、イオラニさんとの打ち合わせでハワイにいました。ユニクロとコラボしたTシャツはすぐに売り切れてしまうほど話題になりましたが、私たちのコラボはベビーカーとペットカートとショッピングカートの素材をイオラニさんのオリジナル生地で限定生産するというものでした。ワイキキ・ビーチ・ウォーク店では、イオラニモデルを日本から買いに訪れる人もいたくらいです。こういうコラボ企画も実にエアバギーらしいです。

いつどこで誰とコラボするのかは双方のブランドのタイミングが最も重要です。

アメリカ旅行で知った自らの未来

2016年には、アメリカでとても不思議な体験をしたのを今でもはっきりと覚えています。ラスベガスで開催された展示会が終わって一息ついた私は、どこかに寄ってから日本へ帰ろうと思い立ちました。

そこでふっと私の頭のなかに浮かんだ単語が、サンタフェでした。なぜサンタフェだったのかはいまだに謎なのですが、直感には従うのが私の流儀です。さっそくラスベガスの空港で情報を調べました。

ニューメキシコ州の北部に位置する古都、サンタフェは、歴史的な街並みや古い建造物が並ぶ美しい都市です。砂漠の中に位置し、西にはリオ・グランデ川が流れ、北には4000m級の山々が連なっています。

少し調べただけで観光地としての魅力が伝わってきましたが、私が最も気になったのは、ネイティブアメリカンの文化が色濃く残るサンタフェには、いまだにヒーラーが多く存在するということでした。ヒーラーとはスピリチュアルな力をもった人々で、その能力で人を癒したり、未来を占ったりするのを生業としています。

私は急に興味が湧き、たまたま目に留まった一人の女性ヒーラーに対して、搭乗ゲートからメールを送りました。

すると、経由地であるロサンゼルスの空港に着いた直後に、彼女から明日の朝10時なら空きがあります、と電話が掛かってきました。

予定を組まず思いつきで旅をしている身としては、特に異論はありません。予約を入れてから飛行機を乗り継ぎ、サンタフェ空港へと到着した頃には夜の9時を回っていました。古く小さな空港ですから、その時間だと開店休業状態で、タクシーがまったく見つかりません。同行していた社員が機転を利かせてウーバーを呼び、なんとかサンタフェのホテルへとたどり着いたのでした。

昼から何も食べておらずお腹が空いていたのですが、すでに街は真っ暗です。社員がフロントに飲食店の情報を聞きに行きましたが、しばらくすると手にスナック菓子とヨーグルトを抱えて戻ってきました。その社員はフロントで、なぜサンタフェに来たのかと聞かれたらしく、社長の思いつきだと答えたら、きっとこの地に呼ばれたのだろうと言われたそうです。このときはそうなんだ、という程度でなんで呼ばれたのかな、くらいの雑談程度に終始し、翌日、私はさっそくタクシーでヒーラーのもとへ向かいました。するとタクシーの女性運転手が、あなたたちはいつ彼女を予約したの？と聞くので昨日、ラスベガスの空港から予約をしたと話すと、それはラッキーね、彼女は有名なヒーラーで、みんな半年も前から予約するのよと言われました。

40分ほど走って着いたヒーラーの家は、周囲を砂漠に囲まれ、六角形をしていました。その前で、一人の女性が微笑みながら私たちを迎えてくれました。

部屋に入ると、すぐに彼女はソファの上で座禅を組みながら、あなたが知りたいことを4つ教えてください。これから話すことは録音してあなたに渡しますから、メモは取らなくて大丈夫ですと言いました。

そして静かに目を閉じ、ふう～っと声を出しながら長く息を吐きました。

私が選んだ質問は、今回サンタフェに来た意味、私のルーツと今の仕事の関係、5年後の自分は何をしているか、そして会社の今後についてでした。もちろん相手は、事前に何の情報も知り得ません。

詳細は省きますが、彼女の口から語られた内容は、恐ろしいほどに的を射ていました。

私の問いに答えていくなかで、彼女はこれから何年後かにつらい出来事が降り掛かる、でも乗り越えられるから心を強くもってと教えてくれました。さらに、5年後には海の見える場所で本を書いている姿が見えるとも言いました。その5年後が今で、私はハワイの海の見える部屋でこの本を書いています。それから2年後に、信頼していた当時の営業部長の裏切り行為が発覚し、私は深く傷つき、クリニックに通院することになったのです。

パナソニック×エアバギー

子どもが1歳を過ぎた頃から、電動アシスト自転車を購入する家庭が多いことを見て、私たちとタイヤつながりで「電動アシスト自転車」を作りたいと考えているメーカーがいないか調べていました。そしてパナソニックサイクルテック社に連絡をして、ぜひプレゼンさせて欲しいと話したところ、担当者が来社してくれたのです。私は熱く語りました。

あとで聞いた話ですが、社内では賛否両論あったようです。専門知識のない異業種の会社が15万円以上する自転車をどうやって売るのか、ということ、さらに異業種の参入により、本来の自転車屋に良くない影響を及ぼすのではないかということです。しかし、エアバギーのユーザーアンケートでもエアバギーの電動アシスト自転車を望んでいることを伝えていたので、パナソニックの担当者が社内で説得してくれたのだと思います。後日、本社で関係者へのプレゼンを再度行い、２００台の電動アシスト自転車を製造してもらうことになりました。

しかしさまざまな問題もありました。自転車を販売するためには自転車整備士の資格をもったものがお客様へお渡し前にきちんと整備する必要があったのです。既存の店舗での販売は難しいと判断し、ポップアップストアを設ける必要がありました。急遽赤坂アークヒルズのイベントスペースを90日間借り、自転車整備士を雇い、内装工事とスタッフの手配を行いました。

さらに200台の自転車すべては置くことができなかったため、70台ずつ3カ月に分けて納品し、赤坂で整備をしてお渡しするという形式を取りました。しかし1カ月前のネット告知で初回70台すべての自転車が予約で埋まり、翌月にはさらに70台分の予約が埋まり、3カ月目に最後の60台も予約で完売という結果となったのです。もともと利益が薄いところに経費が掛かったので、全然儲からなかったのですが、異業種の会社が高額の電動アシスト自転車200台を3カ月で売り切ったという偉業をパナソニックサイクルテック社は大変驚いていました。

しかし、今改めて当時を振り返ると、社員からすれば、もう二度とこういう事業はやめてくださいね、と思っている人も少なからずいると思います。それくらい大変だったことは理解していますが、経験は力になるはずです。だからこそ、楽しかったでしょう?と伝えたいとも思います。

この年にペット&ライフ渋谷店を本社のある富ヶ谷のビルの目の前に開け、また名古屋にベビーカーの直営店をオープンしました。会社の売上は21億を超え、従業員数も80名を超えました。

そして2017年には会社は第16期となり、ベビーカーもペットバギーも好調に販

パナソニックサイクルテック社とのコラボ自転車

売台数を伸ばしていました。ＣＯＣＯフレームは累計30万台の販売台数を超え、本社のある渋谷区の街ではＡＩＲＢＵＧＧＹを見かけない日がないほどでした。

代々木のマンションの一室からスタートしたオフィスも今は渋谷のビルで、社員は80名を超え30億を目指す企業に成長していました。経営には10億、30億、１００億とそれぞれに壁があるといいます。10億の手前では、人の入れ替わりや在庫管理システムの変更、設備投資が必要でした。しかし20億を超えた頃、売上は数年程階段の踊り場のような状態が続きました。デジタル化が進む環境の変化で投資する内容が数年前とは明らかに変わってきていると感じていました。私はパソコンもない時代に学生生活を終え24歳で独立してから一人で仕事をしてきたので、パソコンも仕事も自分で覚えるものだと思っていたのですが、外部の人材育成プログラムに幹部をはじめ社員を参加させたり、今までの展示会中心の戦略からインターネットに注力したＳＮＳやＳＥＯ対策を強化したり、人海戦術でやってきた私自身の頭のなかもデジタルに切り替える必要があると感じていました。

有名ブランドとの協業で知名度がさらに向上

人は、失敗から学ばねばなりません。私はそう考え、全社に新たなシステムを導入しました。

投資額はかなり大きくなりましたが、これにより在庫管理はもちろん、幅広い業務が効率化でき、生産性も上がり、会社の屋台骨がより強くなったと感じます。

ＣＯＣＯの販売台数は累計で30万台を超え、本社のある渋谷の町では、エアバギーを見かけない日がないほどでした。特に「ベビーカー」「車載チャイルドシート」「ペットカート」「ショッピングカート」という、４つの機能をもった最新モデルが支持を集めました。

ペットカートも販売台数を伸ばし続け、すでに経営の一つの柱となりました。

さらに社員も増え、人材育成に力を入れたり、デジタル化に舵を切って新たなシステムに投資をしたりと、経営戦略を切り替えていきました。

また、エアバギーの認知度が高まってきたことで、有名ブランドとのコラボレーションをする機会が増えてきました。私が昔から好きだったデザイナーであるケン・オクヤマさんとモノづくりができたことです。

日本人で唯一のフェラーリのデザイナーであるケン・オクヤマさんのデザインは、まさに機能美という言葉がぴったりの、凛とした美しさをもっています。私はずっと彼のファンで、書物も読み、自宅の家具も彼のデザインのものを使用しています。いつか一緒に仕事をしてみたいという夢を心に秘めていました。

それがかなったのは、エアバギーブランドのキックバイク「キックアンドスクート」の開発でした。製品の監修をKEN OKUYAMAデザインに依頼したのです。

当時、キックバイクはすでに小学生の子どもたちの間で人気の製品でしたが、私たちが目指したのは、より小さな子でも乗れる椅子付きのスクートを組み合わせ、2歳から7歳くらいまでを対象に末永く使うことのできる製品でした。

それを現実のものとしたのは、弊社の原口とKEN OKUYAMAデザインでした。

このキックアンドスクートという製品は、キックバイクとスクートの両方の機能をもった、ユニークな製品です。何よりも車を彷彿させる美しいフォルムとパールの入ったきれいな塗装が、ほかにない魅力的な製品として出来上がりました。

エアバギー初のベビーキャリア「ABC」

この頃、極秘で開発を進めていた製品があります。それはエアバギー初のオリジナルベビーキャリアでした。2013年にアメリカでバックパックからヒントを得たベビーキャリアと出会い、代理店をしていたのですが、順調に売上を伸ばし手応えを感じていた2015年、彼らはもっと縫製の良いところがあると工場を変えました。しかし最初の製造品を日本に出荷した際に不良品が出て、リコールになってしまったのです。新しい工場での生産は何が起こるか分からないというリスクを軽視したことに私は激怒しました。なぜならば、同じような経験をすでにベビージョガーのときに経験していたので、製造している製品は違いますが、同じメーカーとしてもの作りを簡単に考えている会社とはビジネスを続けたくありません。またもや遠隔操作でミサイルのボタンを今度は心の中で発射させたと思います。悔しいけれど、いつか学習したことを活かして自分たちでもっと良い製品を作ると決めました。

それから2年が経ち、自社でベビーキャリアの開発を担当したのは、アパレル出身のデザイナーで、彼女は製造に協力してくれるパートナーをゼロから自分で探し、登山用品で50年の歴史のある会社をパートナーに選びました。彼らが監修するベビーキャリアは体圧分散し、体への負担を軽減するというもので、ここに至るまで彼女は世の中にあるベビーキャリアのすべてを検証し、それぞれの良いところ悪いところを徹底的に研究していました。そんな姿を見て職人だなあと感心したものです。そして彼女はなんと開発途中で妊娠し、わが子で実際に着用して数十回の修正と試作を繰り返し、製品に納得がいくまで世に出さないというこのチームの忍耐強さとプロ根性には頭が下がりました。3年半という月日を掛けて誕生したAirBuggy のBaby Carrier（ABC）は、彼らの職人魂とエアバギーイズムが合致した期待どおりすばらしい製品となりました。

メルセデス・ベンツ×エアバギーフォーペット

同じ時期に発売されたのが、ドイツの車メーカー、メルセデス社とのコラボレーションで生まれたオリジナルのペットバギーです。

もともとは、2017年にメルセデス・ベンツ三井アウトレットパーク木更津がペットカートの取り扱いをしたいとのことでスタートしたビジネスです。当初は木更津店限定での展開で、それが好評だったため、メルセデスジャパンとしてオリジナルの製品を作ることになりました。完成したのが、メルセデス・ベンツ×エアバギードームシリーズで、現在はＤＯＭＥ３という最新モデルが流通しています。

スターフライヤー社との取り組みでペットとの旅を変える

数々のコラボレーションのなかで、私が期待しているのが、航空会社のスターフライヤー社との取り組みです。

スターフライヤー社では、２０２１年から他社に先駆けてペットとの同伴フライトサービスを実施してきました。そして空港内から機内までの移動をサポートするペットカートとして、エアバギーのコンパクトモデル「ＷＩＺ（ウィズ）」が採用されたのです。ウィズの特徴は、スムーズな取り回しとコンパクトさです。フレームとケージがワンタッチで分離し、フレームを小さく折りたためるため、移動時はカートとして、機内ではケージとして使用できます。ケージは座席のシートベルトにしっかりと固定でき、空港のチェックインから空の上、現地到着までずっと一緒に過ごすことができるので安心です。

そのほかに、エアバギーのベビーカーについても貸し出しサービスができないかという相談があり、出発時に空港で借りて、帰ってきたときに空港に返せるサービスに協力しています。

このような展開は、いずれ必ず各航空会社のスタンダードとなると私は見ています。そしてまた、エアバギーにもまだまだ成長の余地が残されています。今後もさらに高く飛び続け、ライフバギーという概念を世界へと広げていけたらと考えています。

part 5

誰かの歩行に寄り添って――AIRBUGGYで日本の社会を変える

会社への愛、戦友への愛

会社は、私の想像を超えて大きくなり、80人の社員を抱えるところまで組織が拡大してきました。もはや自分一人の力ではマネジメントが行き届かない規模です。

私はしばらく前から、自らがこなしていた現場仕事の権限を社員へと委譲し、経営者としての舵取りに集中してきました。その一端として、自分に万が一のことがあっても会社が存続できるように準備をしました。中小企業にとって、経営者、現場のトップ、財務のトップというのは、エアバギーでいう前輪と2つの後輪に当たり、それらがそろってこそ会社は安定して走り続けられます。自社でいうと、現場のすべてを取り仕切れる原口と、財務を担当する山下が両輪となり、経営を支える頼もしい存在に成長してくれました。ちなみに山下は私の実の弟で、社内で唯一の肉親です。

そうして会社が成長し、マネジメント層が育ってくるにつれ、私は心のどこかで社長の交代を考えていました。

経営の才能があるなどとは一度も思ったことはありません。モノづくりが好きで、アイデアやデザインを考えるのは得意ですが、大きな組織を動かして成長させていくような能力は、もち合わせていないと感じます。

もちろん私としては、わが子のような会社、そしてエアバギーと距離をおくのはとても寂しいことですが、それ以上に会社の成長と存続を望んでいます。会社のためならば私自身が退くことも受け入れることができます。それくらい私は、この会社に自分のもてるすべての情熱を注いできました。しかしこれからの時代は今までとはまったく次元が違ってくるはずなので、柔軟な思想でどんどん会社を成長させてほしい、そう考えていました。自分は創業者だからとか自分の会社だという考えはまったくなく、会社が良くなるのがいちばんです。

とはいえ、波のように押し寄せる新たなプロジェクトや解決すべき課題を前に、日々に忙殺されていると、こうした思考は棚上げされてしまいます。

具体的なアクションを起こすことなく進んできたなかで、ある日原口から、社長は38歳でこの会社を作りましたよね、僕ももう45歳になるので起業を考えたい、そう言われました。振り返れば彼は入社した頃から、いずれ経営者になりたいと明言していました。

でも私には彼は社長になりたいというよりも、この会社を変えたいのだということが分かりました。

確かに会社は、変わる必要がありました。売上20億までは順調に走ってきましたが、この先30億、50億となるためには、今の時代に沿った戦略や、幹部の意識改革、人材育成、必要な人材の確保、直営店のあり方など、やることは山積みです。私もそうですがコロナ禍で人の考え方も変わってきたので、昔の価値観はリセットする必要があります。それらを彼は責任をもって実行していきたいのだろうと理解しました。私が彼を次の社長にするという考えは、20年近くにわたって苦楽をともにしてきた戦友に対する感謝であり愛でした。

２０２１年、私は社長を辞任し代表取締役会長に就任しました。

日本初チャイルドシート専門店をオープン

以前からチャイルドシートこそ専門店があるべきではないかと部長には話していたのですが、あるときエアバギー代々木公園本店の並びの物件を契約していたアパレル会社の社長から、年内で撤退するとの情報を入手し、店舗物件の出ない希少な場所でもあったので、これは引き寄せたと感じて出店を決めました。

名前は、「ＣＨＩＬＤ ＳＥＡＴ ＬＡＢ」にしました。弊社が輸入代理店を担うヨーロッパの2大ブランド「Maxi-Cosi」と「Britax Römer」を中心にヨーロッパのチャイルドシートを専門に取り扱う店です。日本では6歳未満のお子様にはチャイルドシートの装着が法制化されて20年経っているのに装着率が70％という低さであり、さらにその半分が誤装着という調査の結果（警視庁・ＪＡＦの調査）があり、チャイルドシートは装着しているから良いのではなく、正しく装着されて初めてお子様の安全が担保されるものだということをきちんと理解してもらうためには、ライフスタイルや車に合った製品を選択して、正しい装着までを担うことができる店舗が必要であると考えていました。スタッフは、チャイルドシートだけでなく車にも詳しく、車好きの男性スタッフが担当してくれています。ネットでは体験できない実装着に加え、車種の特徴を理解し、的確なアドバイスができることがこのお店の存在価値です。ＣＨＩＬＤ ＳＥＡＴ ＬＡＢはチャイルドシートの啓蒙活動であると考え、他店で購入したチャイルドシートの装着点検もしています。これが全国的に事業化できれば誤装着を減らすことができ、結果、大切なお子様の命を守ることができると信じています。

チャイルドシートを専門に取り扱う「CHILD SEAT LAB」

ペット＆ＬＩＦＥ大阪店オープン

２０２1年、コロナ禍でもう1店舗オープンしたのがペット＆ライフ大阪店です。エアバギー大阪堀江公園店から歩いてすぐの場所に新築の路面物件と出会い、即決しました。ペット＆ライフ店は２０１６年に渋谷にある本社の向かいに1号店を移転してから7年経ち、日に日に成長を遂げるペットカートのニーズに応えるべく関西に拠点が必要ということでオープンしたのですが、すぐに多くのお客様で賑わう店舗となりました。エアバギーフォーペットは、発売からすでに12年経過しましたが、年間で1万台を超える販売台数にまで成長したのは、やはりコロナ禍と日本の高齢化社会の影響が強いと思います。ペットカートのあるライフ事業部全体の売上も10億になるのは時間の問題です。少子化で、ベビーカーの販売台数が減少気味ななかでライフ事業部は、この10年で目覚ましく成長しました。

私たちが考えるライフバギーのあり方について

・転倒させないための、低重心の設計
・振動吸収性を最大化し、赤ちゃんやペットの乗り心地が良いこと
・いつまでも押し心地が変わらないこと
・走行中にガタガタせず、軋まないこと
・シンプルな構造でネジを使わず、溶接またはリベットを使用すること
・押す人の負担を軽減し、歩行を補助できること
・丈夫で長く使用できること
・愛のある設計と愛のあるサービス

私がこれまでベビーカーを研究してきて思うのは、結局、ベビーカーは屋外で使用するモノで、安全性につながるシンプルでタフな構造と、乗り心地の良さ、押しやすさがあれば、機能として十分であるということです。

街を歩くと、時に子どもがぐずってベビーカーでのけぞっている様子を見掛けます。

私が心配になるのは、ベビーカーが倒れてしまわないかということです。軽量のベビーカーでも、赤ちゃんだけを乗せていれば、どのベビーカーでも転倒リスクはさほど大きくありません。しかしハンドルに荷物を掛けていたりすれば、リスクが一気に跳ね上がります。

かといって、ハンドルには荷物を掛けないでと取扱説明書に書いてあるだけでいいのでしょうか？　ベビーカーのハンドルは両手で握りたいし、下のバスケットは小さいし、片手にベビーカー、もう一方で重い荷物を持って歩くのは危険で大変です。それじゃなくても赤ちゃんを連れてのお出掛けは、荷物が多くなります。

もちろん、取扱説明書には、荷物をハンドルに掛けないでくださいと書いてあります。けれど、それで転倒したら自己責任ということなのでしょうか？　私たちは、お子様ののけぞりや、立ち上がり、ハンドルに荷物を掛けることなど、重心が移動しても転倒しないようにできる限りの努力を設計の段階でやっています。それは、取扱説明書に想定される危険の警告文の記載があるかどうかではなく、設計の段階でこちらも考えていますよという愛情表現なのです。

私たちのビジネスの本質はエアバギーでできる「こと」を販売するところにあります。

ペットと一緒にお出掛けする、家族で公園に行く、友達とフェスに行く、キャンプに行く、エアバギーでできる「こと」を提供しているのです。歩くことをサポートする製品だからユーザーを限定せずに事業を拡げていけるという強みがあります。そして、人々が望むライフスタイルは時代により変わります。したがってエアバギーで実現すべき「こと」のバリエーションは、無限にあると言っても過言ではありません。

近年、コロナ禍でキャンプブームが起きています。エアバギーの大きな特徴である走行性とエアタイヤの性能を活かせば、キャンプ場の整備されていない地面でも歩くことができるので、キャンプ用品を運ぶカートとしても使えます。これはすでにエアバギーの一つの使い方として実際に提案していることです。

エアバギーについては、これからさらに新たなアイテムをリリースする予定があります。おそらく近い将来、1つのフレームが4つのスタイルに変化する「4 in 1」から、「7 in 1」まで進化すると思います。

たどり着いたライフバギーというコンセプト

ライフバギーとしてのゴールは、世代を超えて歩行のお手伝いができることです。

ひざの骨折をした２００３年から頭の隅には、スペシャルニーズの子ども用バギーとアクティブシニアの歩行を補助する製品がありましたが、シニアについては私が40代の頃はまだどんなニーズがあるのか見えなくて、年に１回開催する国際福祉機器展へ出向いては介護用品を見て、現状を把握することから始めていました。50代になると少し自分にも変化が起きてきて、ハイヒールよりもローヒールで軽い靴を選んでいたり、締めつけるような服を窮屈に感じ、より自然で楽なアイテムを選ぶようになってきたこと、以前よりも代謝が落ちてきたことなどを感じるようになりました。こうした私自身の変化によって少しずつ理解ができるようになってきました。それでも私たちの世代はバブル時代に遊んでいた年代ですから気持ちは若く、自分がまだまだ元気で、シニアだという自覚などまったくなく、そんな世代に何が提供できるだろうと日々考え、アンテナを張り巡らせていました。

歩行を支え、高齢者がより元気な社会へ

私は昨年から、杖についての研究を進めていました。それはまったく新しいコンセプトの杖でチームを組んでデザインし、サンプルまで完成させていました。しかし人

間工学的に立証したく、専門家と話をしていると、杖のいちばん大切な部分は杖の形状ではなく、グリップだという話になり、その杖はデザイン的にグリップの変更が難しいため、私自身のなかで再構築が必要だと感じていました。ちょうどそのタイミングで、ひざの骨折の後遺症で、両ひざと股関節の痛みを感じていた私は、有名スポーツ選手も通っているというひざの権威である医師を友人に紹介され、検査を受けることになりました。病院へ行ってみると、噂どおり全国から患者さんが来ていて、待合室には数カ月前から予約をしているという患者さんが30人くらい診察を待っていました。杖を持たない患者は私くらいで、待合室で杖をついて前を通る患者さんの足元を静かに見ていました。そこで思ったことは、杖を作ることを今はやめようという思いでした。すでにすてきな杖をデザインしていたのですが、杖はデザインよりも大切なことがあるということに気づかされたのです。杖を必要とする人にとって、杖は、安心して歩行ができるなくてはならない道具であり足そのものなのです。私は、杖をつくってきたプロジェクトチームに話をしました。サンプルまで進んでいた案件ではありますが、一度この企画を保留にさせてほしいと話し、彼らは理解を示してくれ私はもう一度、原点に帰り考え直すことにしました。

歩くことの楽しさを

「私たちはエアバギーを通じて歩くことの楽しさと新しい発見を提供し続けます。」
この経営理念のなかに私たちの想いが詰まっています。

「歩くことが好きになる」というエアバギーのスローガンとシンクロしたアクティブシニアの「歩くことが好きになる」について考えているうちにたどり着いたのが、2本杖のウォーキングポールでした。長野にある創業100年のスキーストックメーカー「SINANO」社のホームページを読んでいるうちに、彼らのオンリーワンのもの作りであったり「歩くって結局、楽しい」という彼らのスローガンにシンパシーを感じて、気がついたら自ら電話をしていました。会長職になってもこういうことをこっそりしてしまうのはどうかと思いますが、誰かに頼んで熱量が伝わらないで断られたらきっとものすごく後悔するだろうと思うので、今でも大切なことは自分でアクションを起こしています。結果、シナノ社の担当者はすぐに弊社に来てくれ、私も企画書を用意して今までの経緯や考えなどを話し、後日承諾をしてもらうことができ

「ＡＩＲＢＵＧＧＹ×ＳＩＮＡＮＯ」が実現することになるのです。その後の展示会でシナノの社長に会う機会があったのですが、とあるブランディングの本のなかに私の会社が取り上げられていたのをちょうど読んだときだったと話してくれ、この引き寄せはどちらからなのかと談笑しました。余談ですが、私も引き寄せの連続でここまでこられた気がしており、経営者のほとんどの人が同じことを言いますし、引き寄せの法則とは、熱い思いの先にあるものだと私は思っています。

よくノルディックウォークと勘違いされるのですが、ノルディックウォークはフィンランド発祥でポールを後方に着く歩き方なのに対して、ポールウォーキングは日本で生まれ、ポールを前方におく歩き方です。これは歩く姿勢の補正ができる全身運動だけでなく、まだまだ期待できる効果があり、健康寿命の延伸に繋がると考えています。

シナノ社のマスターコーチが私の会社でポールウォーキングのコーチの受講セミナーを開催してくれ、現在有資格者は社内で10名、一般参加者で5名の方が指導者となっています。代々木公園の側に本社をもつことでまた新しいコンテンツが生まれました。健康促進のために社員も参加してポールウォーキングをしていきたいと思っています。アクティブシニア事業部での「歩くことが好きになる」の最初のアクションはこのポールウォーキングから始まるのです。

使い続けることのできる製品を目指して

近年、環境意識の高まりなどでリサイクルやリユースといった概念に注目が集まり、企業も環境に配慮した事業を進めるのが世界の主流となっています。

私たちは、リユースという考えで、使い続けることができる製品の方向に舵を切りました。そのサスティナブルな思想に共感してくれる方も増えていると感じています。最近では、若いカップルがペットカートからスタートして、のちに結婚して赤ちゃんができてベビーカーのシートと屋根だけを追加購入されたという話や、ベビーカーが終了したあとにペット用のコットを購入し、フレームをリユースされたという話を聞くたびに私はすごくうれしく思っています。商品がデザイン的に褒められることもうれしいのですが、コンセプトや思想はデザインを超えると思っています。つまり、これが最強のブランディングです。優れたデザインや機能の製品は、もう当たり前の時代です。大切なのは、そこにどんな企業の思想があるか、長く使えるのであれば、そのために企業はどんなアフターサービスを提供しているのか、使い捨ての時代は終わり、製造責任をどのように果たしているのかまで見極めて購入する時代になると思っています。

おわりに

本書を記すにあたり、自分の人生を振り返ってみれば、ずいぶんと激動の時代を生きてきたものです。

バブル崩壊、阪神・淡路大震災、リーマン・ショック、東日本大震災、そして新型コロナウイルスの大流行と、未曽有の事態に何度も見舞われてきました。

一方で、ＩＴという新たな技術の登場により、わずか20年ほどで世界のあり方も、人々の価値観も大きく変わりました。例えば１９８０年代には、人の２倍、３倍働くことで成果を出すのが良しとされていましたが、現代では遅くまで会社にいるのは仕事ができない人、という印象に変わってきています。リモートワークが定着し、どこに住んでもいいという企業も増え、東京を離れて自然環境のもとで在宅ワークする人も増えています。世界中の人々が光のスピードで一瞬にして情報を共有できる時代です。

そしてこの先も、未曽有の事態は必ず起き、社会も変容していくでしょうが、なんだかそのスピードがどんどん速まっているような気がしています。経営者も、常にニュートラルに物事を考え、過去の成功体験にとらわれることなく柔軟に変化していかねばなりません。

そんな時代に、自らの過去を書いた本を出版する意義はなんだろうと、私はずっと頭を悩ませてきました。未来を生きる人々に役立つノウハウなどなにも伝えられないのではないかと、少し怖くもありました。

しかし、私が人生を通じてたどり着いた、どんな時代になっても変わらない物事の本質や、常に前を向くための心のもち方についてなら、発信する意味があるかもしれないと考え、思い切って筆をとった次第です。

本書にもあるとおり、私は決して優れた経営者ではありません。

たくさんの壁にぶつかり、失敗し、あがきながらなんとか前に進んできました。

そんな私ですが、一つだけ胸を張れるのは、すべての人や物事に分け隔てなく愛をもって接してきたことです。愛のエネルギーは、人を惹きつけ、オーラがあり、運を引き寄せます。私は経営の能力ではなく、愛のエネルギーで会社を成長させてきたと思います。

そして誰もが自分らしくありたいと願いますが、本当の自分に出会うためにはお金や物質的なものに執着せず、シンプルに生きることです。

親にはいつでも優しく接してあげてください。親は無償の愛であなたを育ててくれました。少しビジネスから離れた話のようですが、自分の悪い部分がいちばん出てしまう相手だからです。いつか後悔しないためにも日頃から愛の恩返しをしましょう。そしてあなたの周りの人たちにも思いやりを忘れないでください。きっとその先にはあなたのなりたい本当の自分と、思い描いた人生が待っていると思います。私の人生は行動を起こすことでチャンスを掴んできましたが、その行動の手前にはお節介という愛があり、すべてはその愛がもたらした結果だと思っております。

最後に、ここまで私を支えてくれた全世界のエアバギーユーザーの皆さまと取引先、製造関係の皆さま、全社員と友人、家族に、大きな愛と感謝を捧げ、筆をおきたいと思います。

飯田 美恵子（いいだ　みえこ）

アパレルメーカーを経て、24歳で独立。百貨店のプライベートブランドや通販誌の商品企画などを担う。1996年、米国のbaby joggerの代理店を始める。日本のベビーカー業界にはなかった三輪という概念を持ち込み、ヒットさせる。

2002年、株式会社GMPインターナショナルを設立、オリジナルベビーカーAIRBUGGYを開発。その後も、ペット用カートやショッピングカートなど、新商品を続々とヒットさせ現在に至る。

本書についての
ご意見・ご感想はコチラ

ベビーカー・イノベーション

2023年3月24日　第1刷発行

著　者　　飯田美恵子
発行人　　久保田貴幸

発行元　　株式会社 幻冬舎メディアコンサルティング
〒151-0051　東京都渋谷区千駄ヶ谷4-9-7
電話　03-5411-6440（編集）

発売元　　株式会社 幻冬舎
〒151-0051　東京都渋谷区千駄ヶ谷4-9-7
電話　03-5411-6222（営業）

印刷・製本　中央精版印刷株式会社
装　丁　　秋庭祐貴

検印廃止

Printed in Japan
ISBN 978-4-344-94170-0 C0034
幻冬舎メディアコンサルティングＨＰ
https://www.gentosha-mc.com/